Ⓢ新潮新書

加藤 崇
KATO Takashi

水道を救え

AIベンチャー「フラクタ」の挑戦

JN018354

973

新潮社

はじめに

この世には、危機をあおり、人に恐怖を感じさせるビジネスがいくつもある。

だから、今、日本の水道が崩壊の危機に瀕していると言うと「またそうやって脅かして」といなされてしまうことも多い。しかし、残念ながらこれは脅し文句ではない。日本の水道インフラは、崩壊への道のりを静かに歩み続けている。このことを僕自身も、水道インフラの健全な維持に取り組み始めてから知った。

今、日本の地中には地球約17周分の水道管が埋められている。これがあるから僕たちは、いともたやすく水が飲めコーヒーを淹れられるし、歯も磨けるしシャワーも浴びられる。洗濯だって、庭の草木を潤すことだって、できる。

地中に埋められた水道管がどれくらい「保《も》つ」かをご存じだろうか。法定耐用年数は

40年、このことは法令が定めている。40年経ったら交換する必要があるということだ。生物が体を構成する細胞を常に入れ替えながら生きているのと同じように、管を交換し続けることで、水道インフラは維持されていく。

日本全国に張り巡らされている約67万6500キロメートルの水道管のうち、約15万3700キロメートルは1980年以前に整備されている。これを書いているのは2022年だ。

となると、すでに交換されていなければならない水道管、地球約4周分が、日本の地中には埋められていて、それが現役で使われている。

ただ、最大の問題は古い水道管が使われ続けていることではない。40年とされている〝寿命〟を遥かに超えて使える水道管もあるからだ。

その一方で〝寿命〟を遥かに下回ってその役割を終える水道管もある。当たり前だが、塩分を含む水が周りにある場合、寿命は短くなるし、使用される環境でも変わってくる。

この実態を、水道の危機と言わずしてなんと言うべきなのか僕は知らない。

では、どうしたらいいのか？　手当たり次第に、法定耐用年数を超えた水道管から順番に交換すればいいのだろうか。それができるのであれば、法定耐用年数を超えた地球約4周分の水道管が今も使われているはずがない。それをするには人手もお金も足りないのが現実だ。

だったら、そろそろ寿命を迎えそうな水道管だけを優先して、交換していけばいい。子供ならそう考えるかもしれない。

しかし、大人はそれが難しいことを知っている。地中に埋まっていて、人が目で確認できない水道管のうち、どれがそろそろ壊れそうで、どれがまだまだ使えそうか判断するのは、技術的にもコスト的にもハードルが高いからだ。

それがこれまでの常識だった。

僕がアメリカはカリフォルニア州レッドウッドシティ市で経営する会社「FRACTA（フラクタ）」は、AI（人工知能）を使ったソフトウェアによるシミュレーションでその常識をひっくり返し、交換すべき水道管とまだ使い続けるべき水道管の判別に挑んできた。そして実際に、2015年の創業から7年の現在、アメリカの大手水道公社とパートナー契約を結び、カリフォルニア州オークランド市の水道事業者など全米50州のうち28州82以上、日本でも10以上の事業者と、一緒に働き始めている。50年後のリスクを提示し、崩壊への歩みを食い止めるため、イギリスでも、丸紅と英ノーザンブライアン・ウォーターの実証実験に参加した。

この本では、その過程でよりはっきりと見えてきた、水道という人間に欠かせないインフラの現状と抱えている問題、そして解決策について述べていく。


フラクタは、AIを活用した、水道管路の劣化状態を診断するソフトウェアをオンラインツールで提供している。ソフトウェアは、水道管路に関するデータ（水道管の素材・使用年数、過去の漏水履歴等）と、独自に収集した環境に関わるデータ（土壌・気候・人口等）を組み合わせて、それぞれの水道管が壊れ、漏水を起こす確率を高精度に予測できる。日米2カ国に加え、欧州5カ国（英、仏、西、伊、独）の、123の事業者で、延長約28万キロメートル、約38万件の漏水事故を学習してもいる。

このソフトウェアの予測に基づいて、壊れる確率の高い水道管から交換をしていけば、メンテナンスコストを抑えつつ、破損・漏水事故を最小限にできる。つまり、インフラ全体として、水道を健全に保てる。水道の持続可能性を追求できるのだ。

僕が水道管のメンテナンスの効率をテクノロジーで上げるベンチャー「フラクタ」を、単身で渡米して2015年に創業した頃のことは『クレイジーで行こう!』（日経BP

社）という本にまとめ、その後マンガでも読めるようになった。

僕は過去にも「SCHAFT（シャフト）」という、ロボット技術系のベンチャーを、東京大学の研究者二人と共同で起業したことがあり、その会社は米グーグルに売却した。当時、日本で最初のグーグルへの売却であり、今なお、たったひとつの案件のはずだ。起業については『未来を切り拓くための5ステップ』（新潮社）にまとめている。

ここで、簡単に自己紹介がてら遡ると、学生時代は早稲田大学理工学部で応用物理を学び、留学先のオーストラリアではMBAも取得した。社会人になって最初の仕事は、東京三菱銀行（現在の三菱UFJ銀行）の銀行員だ。起業の前は、銀行員時代も独立した後も、経営が立ちゆかなくなった企業の経営を預かり、なんとか立て直すことを生業《なりわい》としてきた。

こうやって自己紹介をすると「ああ、加藤さんはそういう人なんだ」と言われることもある。つまり、学ぶ機会に恵まれ、稼ぐ機会に恵まれた人、という意味だ。儲かるか儲からないかだけを判断基準とする、冷徹な経営者を想像するかもしれない。

しかし、実際の僕はかなりの熱血漢だ。ベンチャー界の松岡修造と呼ばれたこともある。フェアでないことが大嫌いで、オーストラリアで学んだのも、当時は資本主義の総本山のようなアメリカに反感を抱いていたからだ。1978年に日本で生まれ日本で育った僕は、父親の多額の借金で両親が離婚し、母と姉と暮らす中で、結構な貧乏生活を送っている。貧困や女性の地位向上のテーマには、敏感に反応するところがあるのはそのためだろう。

僕の毎日はといえば、大好きなコーヒーを何杯も飲みながら仕事をし、展示会に顔を出し、水道事業者と意見を交わし、時にはヘルメットを被って埋められた水道管を覗き込む。「うん、大丈夫だ」。ブラジリアン柔術に励みながら大事な水の問題を何とか解決しようと奮闘している。

今、水道インフラにどのような問題が起きているのか、それを僕たちはどのように解決しようとしているのか。この本では、具体的な例を挙げながら、紹介していきたい。

水道を救え――AIベンチャー「フラクタ」の挑戦　目次

本書は、新潮社の国際情報サイト『Foresight（フォーサイト）』（https://fsight.jp）にて、2019年10月から2020年2月の間に連載した全8回の記事『水道崩壊』を土台に、大幅に加筆修正したものである。

構成　片瀬京子
図版製作　株式会社クラップス

第1章　日本の水道インフラは今どうなっているか

水道水が飲める国

蛇口をひねっても水が出ない――。

こう聞くと、どこか遠い国のできごと、あるいは古い時代の物語のように感じられるかもしれない。しかし、これは日本の近未来だ。僕たちの生活を支えている水道インフラは今、崩壊への道を静かに進んでいる。残念ながら、これは事実だ。このままでは、自宅の蛇口をひねっても水が出ず、その代わりに、街を歩けば道路のあちこちで、水道管の破損が原因の水漏れが起きている、そんな風景が冗談ではなくなるのだ。

「日本では水道水が飲める」

２０２１年に開催された東京五輪でも、海外から来日したメディアの中にはこの事実に目を見開く人もいた。

「たいていの国では水道水は飲めない」ことを、海外旅行をきっかけに知ったという人もいるだろう。ガイドブックには水道水を飲むなと書かれていたし、水はビンやペットボトルに入ったものを買い求めるのが常識とされていた。レストランでも、ワインやコーラと同じように水は有料だという常識に驚いた人もいるはずだ。

もちろん、海外には上下水道が布設されていない国もある。そうした諸外国と比べると、飲み水に簡単にアクセスできる日本の水道は優等生だった。

では「優等生だった」日本の水道が、なぜ、崩壊の危機にあるのか。

理由はシンプルだ。もともと儲からなかった水道事業が、輪をかけて儲からなくなってきたことに尽きる。

なお、上下水道については「敷設」という表記のほうがなじみがあるかもしれないが、水道法では「布設」という言葉が使われているので、それに倣うことにする。

人口減少と節水のダブルパンチ

日本の水が危ないということは以前から言われてきた。ただ、その場合は、水源が枯《こ》渇《かっ》してしまうのではないかとか、その水源が汚染されてしまうのではないかとか、資源としての水そのものに注目されることが多かった。また、渇水にあえぐ地域がある一方で水害に見舞われる地域があるといったように、バランスも話題になることがあった。

しかし今、最も危機を迎えているのは、当たり前のように存在してきた水道というインフラだ。

よく知られているように、日本の人口は約1億2780万人だった2011年以降、減少の一途をたどっている。人口減少先進国である日本の2022年3月の確定値は約1億2510万人で、2055年には1億人を割るとも言われている。

人口減の理由は少子化だ。2021年の出生数は約81万人と過去最少を記録した。戦後の第1次ベビーブーム、1949年の出生数は約270万人、第2次ベビーブームの1973年には約209万人だったことを考えると、激減だ。1989年には合計特殊出生率が1・571を記録して1・57ショックと言われたが、2020年のそれは1・34にまで下がっている。

一方、2021年の死亡数は約144万人。新しく生まれる赤ちゃんが減り、その1・8倍近くの人が亡くなっているのだから、人口が増える理由がみつからない。

人口減はさまざまに影響を与える。労働力が不足する、消費をする人口が減る、国力が下がる、などいろいろなことが言われるが、もちろん水インフラにも無関係ではない。人口が減ると、水道管を通して各家庭や事業所に水を届けている水道事業者にとっては、お客さんが減ることになる。

総務省の統計によると、2021年の日本の人口は2020年に比べて約64万人減っている。この64万人という数字は、東京のベッドタウンでもある千葉県第2の自治体・船橋市の人口に匹敵する。たった1年で船橋市民がいなくなり、船橋市民向けの水道施設が使われなくなる計算だ。64万人のために巨額の投資をして整備してきたインフラが、無用の長物となってしまう。

この傾向は今後も続く。

また、実際には、人口が減るよりも前に水の需要は減っていた。国内での水の需要のピークは2000年で、それ以降、右肩下がりが続いている。節水型の洗濯機やトイレの普及や節水意識の向上が水の需要を減らしたと見られる。無駄遣いが減るのはいいことだ。しかし、水道事業者の視点に立てば、これは収入減を意味する。実際に、2011年には年間2・7兆円だった収入は、2016年には2・3兆円になっている。４０００億円の減収だ。人口減と節水は、水道事業経営者にとっては弱り目に祟り目なのだ。

地球17周分の水道管

収入減は、特に小規模な水道事業者を直撃する。厚生労働省によると、２０２１年時点で、日本には一般の需要に応じ水道によって水を供給する水道事業者は３８１９あり、うち１３１２が給水人口５０００人を超える、上水道事業と呼ばれる事業者で、残り２５０７が、給水人口が５０００人以下の簡易水道事業と呼ばれる小規模な事業者だ。２５０７の簡易水道事業者が対象としている給水人口は約１７４万人。どういうことかというと、水道事業者全体の数の３分の１しかない上水道事業者が日本の人口の約99％に水道事業を提供し、３分の2を占める簡易水道事業者が約1％に水道事業を提供しているのだ。こうした小規模な事業者は地方に多く、そして、地方ほど人口は急速に減っている。だからといって、チェーン店が不採算店を閉めるようには撤退ができない。水道管は網の目のようにつながっているし、それになにより、水道は生活に欠かせないインフラだからだ。たった一人でもそこに住み続ける人がいる限り、水は供給し続ける必要がある。だから、給水人口が少ない都市ほど料金収入の総額が少なく、赤字の組織も多い傾向にある。地方ほど、人口減の影響を強く受ける。この点は電力事業と異なる。

いきなり話がわき道にそれるが、電力需要も水道事業と同じように人口減と節電によって減少すると思われる方もいるかもしれない。しかし、それはどうも違うようだ。確かに人口は減っているし節電家電が普及し節電意識も高まっている。しかし、気候変動対策として排出する二酸化炭素の量を減らすため、これまでガソリンや灯油がカバーしてきた部分を電力で賄おうとする動きが急速に進んでいる。電気自動車しかり、キッチンの電化しかりだ。ゆえに、電力需要は水需要ほど落ち込まないどころか、増えていくという試算もある。従って、水道事業と電気事業は別に考えるべきだろう。事業規模や需要動向のほかにも別に考えるべき理由はあるのだが、それには後ほど触れる。

とにかく、水の需要は減っていき、水道事業者の収入は減っていく。収入が減れば十分な投資ができなくなる。何に対してかというと、すでに建設された水道インフラに対してである。

日本の水道普及率は98%を超えている。山がちな島国の津々浦々に、水道管網が張り巡らされているのだ。すでに触れたが、水道管路の延長は67万6500キロメートル、地球約17周分の水道管が日本の地中に埋まっていることになる。この充実したインフラが家庭や事業所への水の供給を支えている。

しかし、形あるものはいずれ壊れる。しかも、それぞれのペースでだ。いつか必ず交換しなくてはならなくなる。それがいつなのか。日本では法定耐用年数40年と決められている。

１９１８（大正７）年に初めて定められたこの耐用年数は、当初はその素材の物理的な耐用年数を根拠としていた。しかしその後、技術の進化が素材の寿命を延ばしたことで改定が進み、徐々に、資産としての経済的陳腐化も加味されるようになった。

ともあれ、２０１６年の時点で全体の14・８％が40年を超えて使われており、この数字は20年後、つまり２０３６年には23％に達するということだ。

おまけに、これまでに寿命を迎えた水道管はすべて更新されているのかというと、そうではない。新しくなっているのはほんの一部で、更新の遅れが漏水や破損事故につながっているとされている。

130年以上かかる更新ペース

日本では毎年2万件以上の漏水・破損事故が起きている。

ここ数年を振り返ると、2018年7月には東京都北区で50年前に布設された水道管が破損して、商店街が水浸しになった。2019年2月には静岡県浜松市で、老朽化のため撤去予定だった水道管が破損し、5キロほど離れたところでも水の濁りが確認されている。2019年3月には千葉県旭市だ。市内の7割以上にあたる約1万5000戸が断水した。この旭市では2022年2月にも水道管破損によって断水し、小中学校が休校するなどの影響が出た。2020年1月には横浜市で約3万戸が断水した。

まだまだある。2021年10月、和歌山市内を流れる紀の川にかかる水管橋と呼ばれる水道用の橋が老朽化のために崩落し、約6万戸が断水。その後の調査で崩落の直接的な原因は、水道管と橋の構造部をつなぐ部分の塩害や鳥の糞の蓄積などによる腐食とされたが、この断水は6日間続いた。2022年は6月に札幌市の住宅街で、布設から48年が経った水道管が、同年7月には北九州市で、布設から56年が経った水道管が破裂した。北でも南でも商店街でも住宅街でも、こうした事故が、規模はともかくとして1日あたり50件以上起きている。

なかでも記憶に深く刻まれているのは、2011年6月に京都市で起きた破損事故だ。水道管の破損は近くにあったガス管の破損を招き、水道だけでなくガスインフラにも被害を及ぼしてしまった。

どれも、老朽化した水道管やその周辺設備を更新していれば防げた事故だ。頭のいい人はすぐにそう指摘できる。しかし、現場での対応が追いついていないのが現状だ。追いつかないのは人間の心理も同様だ。ニュースなどで、道路から水が噴き出している映像を見て「明日は我が身」と思える人は少ない。見ている現象は、老朽化というどこでも進行している事態によるものだが、何かしらの特殊な事情がそこにあったと思い込んでしまう。

今、日本全体の水道管の更新具合を示す更新率はだいたい何％くらいか見当がつくだろうか。

答えは0・667％（2018年度）。2016年度には0・75％。2001年には1・54％あったが、現在のそれは遥かに及ばない。1980年以前に布設され寿命を迎えた水道管を、平均的に更新していくには、1・14％という数字が求められるが、それを下回っている。インフラの更新は老朽化に追いついていないのが現状だ。

では、今のペースではいつになったら水道管の更新が終わるのか。10年後？　ご冗談を。20年後？　とんでもない。50年後？　まだまだ。

答えは130年以上先だ。

すべての水道管を更新し終わる頃には、今、この瞬間に更新が終わった水道管が、とっくに寿命を迎えている。

蛇口をひねれば（最近は、スライドさせたり手をかざしたりするだけのことも多いが）いつでも水が出るという現状が、いつまで保たれるかはわからないのだ。

さらに残念なのは、水道管には老朽化以外にも問題があることだ。

相次ぐ巨大地震への備え

日本は地震国だ。日本にやってくる外国人は、水道水が飲めることと同じくらい地震の多さ、そして規模に驚く。長く日本に住んでいても、阪神・淡路大震災や東日本大震災のような大きな地震がもたらす被害を目の当たりにすると、自然現象を前にした人間の無力さを痛感させられる。

水道管も地震の被害を受け、それは断水という形で人間の生活を脅《おびや》かす。

東京都などはいざというときのために１週間分の水を備蓄することを呼びかけているが、それだけでは心許ない。事実、阪神・淡路大震災では約１３０万戸が断水し、復旧まで最大で３カ月かかった。東日本大震災では約２５６万７０００戸が断水。復旧まで約６カ月を要した地域もある。既設の古い水道管が、震度７に耐えられなかったからだ。

２０２１年10月７日の夜、関東地方で最大震度５強の地震が発生した。建物の崩壊などはほとんど発生しなかったが、都内の各地で空気弁などの不具合で漏水が発生し、その様子が瞬く間にＳＮＳで拡散される事態となった。

このときは、翌朝までには都内の漏水は復旧された。素晴らしいことだ。しかし、もっと多くの場所で漏水が起きていたら？　今ほど多くのマンパワーを割けなくなっていたら？　といった疑問はつきまとう。

もちろん、どのような材質の管でも、老朽化が進めば劣化する。２０１８年６月に発生した最大震度６弱の大阪府北部地震では、布設から55年が経った水道管が破裂し、道路は陥没し、一時的に約９万戸が断水した。

水道管のうち、導水管（取水口から浄水場まで）や送水管（浄水場から配水池まで）、配水本管（配水池から給水管を繋げる配水支管まで）など、基幹管路と呼ばれる管のうち、耐震適合性があるのは２０２０年３月末時点で約40・９％だ。６割近くは不適合ということになり、これが地震発生時の断水を長引かせている。また、比較的口径が大きいため、大事な施設とされる基幹管路は水道管路全体の長さの約15％だけであり、水道事業者が管理する水道管路のほとんどは、配水本管から分岐している、家庭の中へ水を運ぶ細い給水管を直接繋げる配水支管で、全体の長さの約85％を占める。この配水支管の耐震適合率は低いため、水道管路全体としての耐震適合性がある水道管の割合はまだ低く、１～２割と想定される。

電力とはこの点も異なる。阪神・淡路大震災では、関西電力管内の約２６０万戸が停電したが、発災から７日目の１月23日には応急措置ながら停電エリアはゼロになった。東日本大震災では、東北電力管内で約４６６万戸が停電した。しかし復旧不可能なエリアを除くと、３日で約80％、８日で約94％の停電が解消され、発生から３カ月と１週間後にはすべてが復旧した。

水より電気の方が、復旧が早い。なぜなら、電気はラインで送られるが、水はパイプで送られるからだ。電気には電気の難しさがあるとは思うが、形状が複雑なほど復旧に時間がかかる。また、送電線は地上に設置されていることが多いのに対して、水道管は地中に埋設されているという事情もある。さらに、震災後の混乱している中で、地中に埋設された水道管から漏水している場所を探し、掘削《くっさく》して壊れた水道管を補修し、さらに埋め戻すには非常に長い時間と労力がかかる。震災後に水圧が下がってしまった水道管路の漏水箇所を地上から見つけるのは至難の業だ。

地震で一度止まったら、復旧までは相当の時間を覚悟しなければならなくなる。だからこそ本当に必要な地域から耐震性を高めるべきなのだが、なかなかペースが上がっていない。

いったいこの状況でどうすれば、全国に張り巡らされている水道管の更新を、優先順位を誤らずに効率的に進めていけるのだろうか。寿命を迎えてはいるもののまだ使える水道管と、寿命はまだ先だけれどなんらかの理由でそろそろ交換すべき水道管は、どうやって見極めればいいのだろうか。それを見極めるのが僕のやっている仕事なのだ。

第2章　見えない水道管をいかにして読み取るか

地中での劣化具合を知る

何かをよりよく変えるには、前提として、二つのことを知っておく必要がある。現状と、何がそれを変えてきたのかという過去の要因だ。

たとえば、気候変動を食い止めたいのであれば、今、地球はどのような状況にあるのかと、これまで何によって気候が変動してきたのかを知らなければ、対策を施しようがない。現状を見極め、過去との差分を知ったうえで、将来の理想との差分を埋めていく。これが基本的な戦略になる。

劣化を原因としたインフラの事故を未然に防ぐにも、まずは今、そのインフラがどの程度劣化しているのかを確認し、それがどのように劣化してきたのかを知っておかなければならない。あとどれくらいの年月、そのインフラが使えるかを把握し、使い続けるようにするにはどうするかを考えるのはそのあとのことだ。

ただ、現状の把握と過去の劣化の要因を突き止めるのはそう容易ではない。そのインフラが、水道管のように地中に埋まっていて劣化具合を目で確認できない場合は特にそうだ。

だからこそ、見えるようになったら話が早い。できることはぐっと多くなる。

2015年の僕はそう考えた。だから起業して、地下に埋設されている水道管が、現在どのくらい劣化しているのか、それが5年以内に破損する（つまり漏水事故が起こる）確率はどれくらいあるのかを推定する技術を開発しようと考えた。創業から7年以上が経った今では、フラクタが開発したソフトウェアを多くの水道事業者が使ってくれており、少しずつ業界のリーダーとしての地位を固めている。冒頭ですでに書いたが、その数は全米50州のうち28州、82事業者を下らない。

日本でも2019年2月に神奈川県営水道、神奈川県川崎市と一緒に、アメリカで使っている水道管劣化予測のアルゴリズムが日本でも適用可能かどうかに関する実証実験に着手することでビジネスをスタートさせた。その後は神戸市水道局、大阪市水道局、越谷・松伏水道企業団（埼玉県越谷市及び北葛飾郡松伏町）、未公表の１事業者とも検証を重ね、２０２０年３月に、正式にサービスの提供を始めた。

２０２０年５月には、フラクタは愛知県豊田市上下水道局と、日本では初めての業務委託契約を締結した。日本有数の企業城下町である豊田市は、20世紀初頭、町の整備によって日本の近代化を牽引した実績がある。１９５６年に給水を開始した豊田市の水道局が、新しい技術を使って暗黙知を形式知、そして集合知へと変える手伝いをすることは、僕たちにとっても大きな喜びだ。

福島県会津若松市では水道管更新を新たに計画するタイミングで、フラクタの技術の導入を決めた。水道管の診断に課題を感じていた会津若松市は以前から強い危機感を覚えていたという。というのも、漏水調査は起きてしまってからの事後対応だからだ。もしも事前に徴候をつかめていれば、市民に不便な思いをさせずにすむ。病気になってからあわてて対処する前に、健康を維持するためにできることはしておきたいということだ。印象的だったのは担当者の「将来の漏水を減らすには、今からやらなくてはいけない」というインフラ事業者としての高い意識がにじむ言葉だ。会津若松市での取り組みは、多くの自治体のモデルケースになると信じている。

兵庫県朝来《あさご》市でも、兵庫県職員の熱意もあって、水道に関わる職員の数が減る前に市内の水道管の現状を算出できている。日本でのこうした取り組みは第4章で詳述する。

水道管破裂までのメカニズム

デジタル技術を使ってアナログに取り残されていた問題を解決する。端的に言えば、フラクタは水道事業にDX（デジタルトランスフォーメーション）をもたらす存在と言える。

では、フラクタ以前、水道事業はどのくらいアナログだったのだろうか。

日本でも、そしてアメリカでも、水道管更新のタイミングは管の平均寿命によって決められてきた。全米水道協会（AWWA）では、ねずみ鋳鉄《ちゅうてつ》管というアメリカで広く使われているタイプの水道管の平均寿命が100年以上と謳《うた》っている。水道管の「質」については、第3章で詳しく述べたい。

普及していたねずみ鋳鉄管は後に強度の高いダクタイル鋳鉄管にその存在を取って代わられたが、しかし、まだ使われている地域も多くあり、全米各地で発生する漏水の原因の一つとなっている。ねずみ鋳鉄管を含む水道管からの漏水の件数は、年間24万件にものぼる。広いアメリカのどこかで、2分に1回は漏水が起きている計算だ。

漏水の要因は経年劣化だ。人間で言えば老衰、水道管の寿命は老朽化によってほぼ決まる。幸いにしてメカニズムはわかっている。ねずみ鋳鉄管の場合、老朽化のほとんどは腐食だ。水道管の表面と、それを取り囲む土壌との間の化学反応、より具体的には酸化還元反応が起こり、腐食、つまり錆びが生じた結果、水道管の外壁がどんどんと痩せることで老朽化が進む。最終的に管厚がなくなったところに穴が空き、漏水を引き起こす。

この他にも漏水の要因はある。人間にたとえるならば突然死だ。例えば水道管のお隣にあったガス管の工事中に、ホイールローダーが間違って水道管にショベルを落としてしまい水道管が破損するパターンや、施工業者の工事不良によって水道管と水道管のジョイント部（接合部）から漏水するパターンなどもある。

しかし、ねずみ鋳鉄管の最大の問題は、脆くて平均寿命が100年しかないことではない。寿命は長い方がいいのは当然だが、短くてもさほど問題ではない。最大の問題は、実際の寿命があまりにもばらついていることだ。20年から180年、ときには200年以上と差が激しい。同じ日の同じ時刻に布設しても、いつまで使えるかは環境による。

材料と環境によって寿命はバラバラ

水道管は腐食によって老朽化すると書いた。

腐食とは化学反応だ。同じ材質の水道管を、空調の効いた実験室のようにまったく同じ環境に置いていた場合には、同じスピードで腐食が進み、同じタイミングで穴が空く。しかし、現実世界は実験室ではない。腐食が進むスピードは、たとえ同じ材質の管であっても、それがどのような環境にあるかで大きく異なる。乾いた土地なのか、湿気が多い土地なのか。平らな土地なのか、勾配があるのか。土壌は軟らかいのか、堅いのか。上を車が通るのか、通らないのか。常に大量の水が流れているのか、そうでもないのか。

こうした環境の影響を受けて、管の寿命はばらつく。数学的に言えば非常に分散が大きくなる。この分散を把握しなければ、一つひとつの水道管の寿命を知ることはできず、交換の優先順位を決められない。

壊れやすい順に交換しているつもりで古い順に交換していても、実は壊れやすい順ではなく、まったくランダムに交換をしてしまっていることになる。

これは困ったことを引き起こす。壊れやすい管と壊れにくい管が混在し、壊れやすさの格差が広がっていくと、システム全体として壊れやすくなってしまうのだ。まだまだ壊れにくい管を古いからと交換し、そろそろ壊れそうな管を新しいからと放置していては、格差は広がる一方で、システム全体はより壊れやすくなる。

とはいえ、裏を返せば、何が水道管を壊れやすくしているのかがわかれば、狙ったとおりの交換ができる可能性が高くなる。システム全体も、健全に保ちやすくなる。ゲームチェンジが起こるのだ。

こうした分散のやっかいさは、人の寿命にたとえるとわかりやすいかもしれない。日本人女性の平均寿命はおよそ87歳だ。この数字には一定の意味がある。男性より長い、他の国より長い、昔に比べて長くなった、と、いろいろなことだ。

しかし、ある一人の日本人女性が自分の寿命を考えるときには、平均寿命は参考値にこそなれ、あまり大きな意味を持たない。自分がちょうどピッタリ87歳で死ぬ確率は、実は思った以上に低いからだ。

なぜこのような分散が発生するのかというと、個人の寿命は、遺伝的な要因のほか、その人の生活習慣や行動の特性が複雑に絡み合って決まるからだ。また現時点では、人間の細胞は時間と共に劣化していくことがわかっていて、それがどのように劣化していくのかというミクロな劣化メカニズムも解き明かされてきてはいるが、その「スピード」を合理的に推定できていない。だから、だれかの余命を正しく言い当てることはだれにもできない。今のところは。

水道管も基本的には同じだ。

100年は保つからと悠長に構えていたら大惨事を招き、あと100年使える管を焦って交換してしまうという非効率を引き起こすこともある。事実、水道管はその環境によって、寿命の倍は使えるとも言われている。

だからある程度の漏水は仕方ない。非効率な交換も仕方ない。なぜなら、分散が大きいから——そうやって諦めるというのもひとつの選択だ。漏水をすぐに止められるだけの労働力、次々に新しい水道管に換えられる経済力があれば、それでいい。しかし、今、労働力は減っていて、水道事業者も大盤振る舞いはできない状況にある。

であれば、大きな分散の特殊ケース、極端に寿命が短いケース、極端に寿命が長いケースを突き止め、短いところを優先して交換すればいい。これがフラクタの基本的な考え方だ。

分散を生じさせている要因——使われ方や環境など——がわかれば、老朽化の進み具合はある程度、高い精度で推測できるのではないか。そう考えてソフトウェアの開発に取り組んできた。既に公開されているデータをもとに、分散する水道管の寿命を、わざわざ調査のために掘り返すことなく、これまでよりかなり正確に推定することにフラクタは成功している。

ＡＩでモグラの発生確率を予測

成功の鍵となったのは、水道管の素材だけでなく、形状や、その水道管が埋まっている土壌やその地域の天候など、環境にも注目したことだ。これらの一部は公開情報だから、理屈の上ではある程度、誰もがその情報をもとに劣化具合を予測できる。しかし、破損を引き起こす要素はあまりにも多い。

公開情報、そして僕らが独自に集めたデータを合わせると、腐食に関わると思われる要素は約１３００ある。それら一つひとつをコンピュータで解析し、それぞれがどのように水道管を劣化させていくのかというパターンをＡＩに覚え込ませた。最近流行りの人工知能による「機械学習」のひとつにあたる。

この予測方法の新しさは、モグラ叩きゲームで説明ができる。

モグラが顔を出す盤面を上下左右四つの象限《しょうげん》に区切るとしよう。漢字の田のイメージだ。このうち右上の象限、つまり盤面全体のうち25％の面積からは、田の字全体に潜んでいるモグラのうち25％が出てくるものとする。これは統計的には「無作為（ランダム）」と呼ばれる状況だ。だから、75％のモグラに顔を出させるには、田の字を形成する四つの四角のうち、三つは叩く必要があるという理屈になる。カリフォルニア州のサンフランシスコ湾を囲んだエリア全体（サンフランシスコ・ベイエリア）にある水道会社のうちの1社は、こんな具合でモグラ（漏水事故）の発生確率をはじき出している。本当は、モグラは田の字のどこかに偏って暮らしているかもしれないし、たいていの場合、実際にそうであるにもかかわらず、だ。

一方、フラクタのソフトウェアを使ってモグラの潜む場所を予測すると、田の字の特定の一つの四角に、全体の75％のモグラがいると推測することもある。つまり、全体の25％のエリアで、75％の漏水事故が発生すると予測できるのだ。古典的なやり方に比べると、驚くような数字だ。コンピュータと人間の予測能力にはこれくらいの違いがある。

くり返しになるがフラクタのソフトウェアはこれまで、日米2カ国に加え、欧州5カ国の、123の水道事業者が管理する、延長約28万キロ、地球約7周分の水道管で発生した、約38万件の破損による漏水事故のパターンを学習してきた。ここには、日本の約3万キロで発生した1万件以上の事故も含まれている。

ソフトウェアが算出した高リスク自治体

フラクタではソフトウェアの学習成果をもとに、日本全国の自治体での破損事故発生確率を推計してみた。推計の詳しい条件などは、ホームページで公開している。

まず、日本全国を2キロ四方（2キロメッシュ）に分割し、それぞれのメッシュでの破損事故の起こる確率をリスクの程度に応じて10段階に区分したところ、全体の約85％にあたる区域では最も低い第1段階か、その次の第2段階に該当することがわかった。全国的には、事故が起こる確率は極めて低いと言える。

これ以外の約15％の区域は、第3段階から最も事故が起こりやすい第10段階までに広く分散している。このうち、高リスクと言える区域は極めて局所的で、こうした区域は沿岸部または平野部の市街地に分布している。経済や産業の活力が高い地域に、高リスク地域が存在しているということだ。

続いて、メッシュサイズを１００メートルとし、自治体単位で破損事故発生確率を計算した。

　すると、試算対象とした全国1660の自治体のうち約8割に当たる自治体では、第1段階から第3段階に属することがわかった。そして、残りの2割は第4段階から第10段階に分布しているが、やはり、経済や産業で中心的役割を果たしている自治体が目立つ。人口分布と照らし合わせると、全人口の約半分が、この比較的リスクの高い2割の自治体で暮らしている。

　さて、具体的にはどの市町村が最も破損リスクが高いのか。推定結果をまとめたのが次頁の表だ。ワースト10は上から順に、千葉県流山市、大阪府泉大津市、神奈川県横須賀市、兵庫県尼崎市、東京都町田市、広島県府中町、広島県海田《かいた》町、大阪府摂津市、千葉県松戸市、広島県坂町となった。

　ただし、このリスクは自治体内での平均値である。次なる問題は、これらの街では、域内の全エリアでリスクが高いのか、どこか限られたエリアのリスクが全体を引き上げてしまっているのかだ。つまり、分散がないのかあるのか。

　そこで、リスクの高い市町村から横浜市（破損リスク18位）、徳島市（45位）、前橋市（180位）の3市、低い市町村から新潟市（500位）、松江市（595位）、宮崎市

図1　水道管の破損リスクが高い自治体ワースト20

1位	千葉県流山市	11位	千葉県野田市
2位	大阪府泉大津市	12位	福岡県中間市
3位	神奈川県横須賀市	13位	埼玉県松伏町
4位	兵庫県尼崎市	14位	岡山県倉敷市
5位	東京都町田市	15位	東京都台東区
6位	広島県府中町	16位	茨城県古河市
7位	広島県海田町	17位	東京都荒川区
8位	大阪府摂津市	18位	神奈川県横浜市
9位	千葉県松戸市	19位	東京都葛飾区
10位	広島県坂町	20位	大阪府高石市

（フラクタ推計 https://www.fracta-jp.com/archives/technology/886）

（784位）の3市を選び、分散具合を比較してみた。

すると、リスクが高い市町村の内部では、低い市町村の内部に比べてエリアごとのリスクのばらつきが大きいこと、特定の高リスクエリアが、全体のリスクを引き上げてしまっていることがわかった。やはり問題は分散の大きさなのだ。

なお、アメリカ国内についても、フラクタは同様に勝手にリスク診断を行い、公開してきた。水道事業民営化への反対運動が起きたカリフォルニア州モントレー市、水道管に鉛が混ざって健康被害を出したミシガン州フリント市について、地図上でリスクが確認できるようにしたのだ。

なお、このサービスは該当地域の水道事業者から訴えられる寸前まで行った。住民を刺激してくれるな、と言うのだ。しかし2022年6月現在、フラクタに訴状は届いていない。

ハイリスクの管から優先的に交換

分散が大きいのであれば、特にリスクの高いエリアを優先して水道管の交換を進めるのが合理的だ。

前述したように、今、日本の水道管の更新率は0・667%。もしもこの更新を、リスクの高いエリアの管だけに集中して進めたらどうなるだろうか。4・4年経つと、高リスクの上位3%のエリアで交換が終わる。22・2年経つと、上位15%のエリアで終わる。73・9年かければ、半分のエリアで終わる。

130年かけてすべての管を交換するのと、たとえば20年と少しばかりかけてリスクの高い方から15%の管を交換するのと、どちらが合理的であるかは言うまでもないだろう。

なお、こうした推定は水道管だけでなく、ガス管でも可能だ。

ガス漏れは水漏れよりも直接的に人の命を奪ってしまう。

2007年1月、北海道北見市でガス漏れによって3人が亡くなった。当時の北見市の都市ガスには一酸化炭素が含まれていたことも悲劇の一因ではあったが、直接の原因は、亡くなった人が住んでいた家の近くに埋設されていたねずみ鋳鉄製のガス管が折れたことだ。ガス管は１９６７年、事故のちょうど40年前に設置されたものだった。

こうした老朽化によるガス漏れ事故を防ぐべく、すでに東海地方のエネルギー大手・東邦ガスでは、フラクタのソフトウェアを使った実証実験を終えている。東邦ガスではこれまで、埋設年順に更新をしてきたが、ガス管の材質なども考慮した予測に基づいて計画的に更新することで、費用対効果が2倍程度になることを確認できた。この技術は今後、同社と共に横展開をするつもりでいる。

ちなみに、東邦ガスのサービスエリアには豊田市が含まれる。水道管とガス管は、近くにあることが多い。互いに情報を共有することで、豊田市と東邦ガスは一緒にさらなるコストダウンに取り組んでいるのだ。フラクタが両者をつなぐ小さなかすがいになれたことを、心から嬉しく思っている。

交換コスト１１０兆円から40兆円を削減

水道産業には莫大なお金が注ぎ込まれている。

アメリカでは、1日あたり約650件も起きている漏水を防ぐため、向こう30年間で110兆円もの巨額資金が、平均寿命を迎えた水道管の交換のためだけに使われるという。だから、金額がこんなにふくれあがるのだ。しかし、先ほども書いたように、平均を取れば100年だが、実際には20年しか保たない管がある一方で、200年使える管もある。それなのに100年目だからとすべてを更新するのは、70歳になったからと言って、何の病気もない人にも不要な医療を提供するようなものだ。つまり、合理性に欠け、無駄である。200年使える管を100年目に交換する必要などないのだ。

この不必要な更新を先延ばしにすること、たとえば布設から既に100年経っていても、あと80年寿命がある水道管はきちんとあと80年使うことで、およそ40%の予算を削減できる。金額は110兆円の40%だから、40兆円以上。これが、フラクタのソフトウエアのもたらす価値だ。40兆円というと日本の（年間）国家予算の半分弱にあたる。

もうお気づきだろう。日本の水道管の〝40年〟という寿命は、法定耐用年数で定められている〝平均寿命〟だ。実際にはそれより短命なものも、長寿なものもある。どれから先に交換すべきかがわかれば、あと15年で地球4周分の水道管すべてを交換する必要はなくなり、漏水事故を減らしながらコストを大幅に削減できる。

アメリカのある地域を舞台に、フラクタはこんな試算をしている。古い順に水道管を交換していった場合と、破損リスクの高い順に交換していった場合の50年後をシミュレーションした。その結果、リスクが高い順に交換していった場合は、古い順の場合に比べて、漏水事故を3～4割減らせるという結果が出たのだ。

朽ちるインフラ、増える国の借金

インフラの老朽化は、水道に限った話ではない。交通インフラや電力インフラなどについて、これまで多くのメディアや専門家が、老朽化の危険性について警鐘を鳴らしてきた。

2019年9月には台風15号の影響で、千葉県南部のおよそ17万戸に停電が発生し、復旧に2週間以上を要した。『日本経済新聞』電子版（2019年9月14日）によれば、被害が広がった背景には、想定外の強風に加え、送電設備の老朽化が原因と指摘されている。送電用の鉄塔は1970年代に建てられたものが大部分を占める。倒壊し、10万戸の大規模停電につながった千葉県君津市の鉄塔は、1972年に完成したというから、まさに50歳手前だった。

同紙によれば、建設から50年以上が経過した施設の割合は、73万ある道路橋の25％、1万超のトンネルの20％、5000強の港湾岸壁の17％に及ぶ（2018年3月時点）。2033年には道路橋の6割超、トンネルでも4割が建設から50年を超える。

2012年12月に中央自動車道上り線で発生し、9人の命を奪った笹子トンネル天井板落下事故はその要因の一つに老朽化が挙げられているが（笹子トンネルは1977年開通）、国土交通省の試算では、現在のインフラをただ維持するだけで、次の30年間で約190兆円が必要だという（『国土交通白書2019』より）。

また『AFP通信』の記事（2012年12月10日）は、日本は債務が国内総生産（GDP）の2倍を超え、縮小する労働力ではその返済が容易ではないこと、また新たな財源を見いだすのは困難であることを指摘している。

インフラは古くなっていく、しかし、すべてを改修する余力はない。特に、地中に埋まっている水道管に関しては、見えないからと後回しにしてきたツケがいま一気に回ってきているとも言える。

日本の更新率は高いか低いか

前述の通り、水道管の更新率は少しずつ下がっている。この事実を、我々はどう捉えれば良いのだろうか？　そもそも、これは良いことなのか？　悪いことなのか？

水道管の寿命が１００年きっかりであれば、理論上は、距離にして年間１％ずつの水道管を更新していれば健全な水道インフラを維持できる。水道管の寿命が50年きっかりということになれば、年間２％ずつ更新する。これが単純な計算結果ではある。

では、日本の水道管路における０・６６７％という更新率は、高いのか低いのか。法で定められている通りに寿命が40年であるならば圧倒的に低い。しかし、現実問題として、こんにち布設されている水道管の平均寿命は的確どころか大まかにさえ捉えることができていない。実際には80年近く使える管と、40年も保たない管とが混在している。

管の本当の平均寿命がわからなければ、０・６６７％という現在の更新率が十分であるか否かという問題に答えは出せない。そして、仮に平均寿命がかなりの精度でわかったとしても、まだ不十分だ。

たとえば神奈川県茅ヶ崎市、人気バンドのサザンオールスターズで有名な湘南の海の前に10年間置いておいたトヨタのカローラと、山梨県甲府市、見渡す限り海などない山深い場所に10年間置いておいたカローラの車体（特に自動車の骨格となるシャーシの底部など）は、どちらが錆びやすいか考えてみるといい。まったく同じ車体であっても、老朽化するスピード、この場合はシャーシが錆びていくスピードは異なる。腐食が起こりやすい環境下にあるかどうかが、車体が錆びるスピードを決めるからだ。海の近くが錆びやすいことは言うまでもない。もっとも、最近では錆止めの技術が発達しているので、どこまで有意差が出るのかはわからないが、茅ヶ崎でも甲府でもまったく同じということはないはずだ。

日本は小さな島国だが、神奈川県茅ヶ崎市と山梨県甲府市の環境が市区町村レベルで違うように、都道府県レベルでも水道管を取り巻く環境は大きく異なる。水道管が劣化するメカニズムは同じだが、海沿いと盆地、北海道と沖縄、東京の下町のようなゼロメートル地帯と標高の高いところ、昼夜の寒暖差が大きいところと小さいところ、管の上の道路の交通量が多いところと少ないところ、それぞれ条件によって異なるということだ。

もちろん、同じエリアの中でもさらに違いはある。こうした違いを無視して水道管の平均寿命だけを論じることの無意味さは、何となく理解していただけると思う。また、日本は乾燥した陸地面積が広いアメリカとは水道管を取り巻く環境が異なる。だからアメリカで実績を積んできたフラクタも、日本では、まずは実証実験から始めた。

事業者の人員減少とデータ不足

水道管の寿命は、埋まっているその環境に大きく影響される。これが問題を難しくしているのだが、さらに複雑にしているのは、データ整備の問題だ。日本では、道路の下に埋まっている水道管の情報が整理されていないケースが多いのだ。

日本の水道事業は、都道府県、市区町村といった地方自治体に運営が任されている。いわゆる公営水道である。地方自治体は全国に約1700ある一方で、一般的に水道局と呼ばれることが多い上水道事業は1312ある。

また、日本では東京都や横浜市の水道局を始めとして、都市部に近づけば近づくほど、給水人口が多ければ多いほど、水道局の事業規模、従業員数が多い。裏を返せば、地方には規模の小さな水道事業者や簡易水道事業者ばかりが点在する格好だ。

水道事業に関わる職員の数は、ピークだった1980年代と2010年代を比べると、3割ほど減っている。大都市で1000人の職員が700人になるのなら、この間に進んだ技術でカバーできそうだが、そんなに恵まれた水道事業者はほとんどない。

たとえば、給水人口が5万人から25万人の水道事業者、つまり、中規模以上の市の水道事業を担う事業者の平均職員数は30人だ。これが3割減ったら20人になってしまう。これはまだマシなほうで、給水人口が1万人未満（ちなみに、人口が1万人未満の自治体は全国の自治体の半分近くを占める）の水道事業では、平均職員数は3人しかいない。3割減ったらわずか2人。これらの職員は他の部署の業務を兼務している場合や、数年で他部署へ異動してしまうことも多い。人口減は、こうした形でも水道事業に影響を与えているのである。

「台帳管理」できているのは6割程度

もうひとつ、水道事業にはやっかいな事実がある。

家の近くを歩きながら上を見上げると、そこには電線が見える。自宅にはどこから電気が引き込まれているか、確認できるかもしれない。送電線の立ち並ぶ壮大な風景を目にすれば、その先に発電所があることが想像できる。素人でも電力インフラに関してはこの程度のことはわかるのだから、プロならばひと目見ただけでかなりの情報量を得られるに違いない。

では、水道インフラについてはどうだろうか。

近所を歩いていて「なるほど、わが家にはここから水が引き込まれているのか」とわかる人はなかなかいない。なぜなら、水道管は地中に埋設されているからだ。家庭や事業所で使われる水は、見えないルートでやってきて、見えないルートで出て行く。

それでもプロならば、地図のようなものを持っていて、どこにどんな水道管が埋設されていて、それらがどのように接続され分岐しているか、わかるに違いないと思いたい。しかし、残念ながら現実はそう甘くない。わからないという水道事業者が驚くほど多いのだ。

水道管路が、いつ、どこに埋められたのか、いつ、どのように補修・更新されたのかを記録することを「台帳管理」と呼ぶが、この台帳が見当たらないというケースも多い。現実問題として、水道施設のデータを整理している（台帳整備がされている）水道事業者は全体の61％しかないという統計結果がある（厚生労働省　医薬・生活衛生局　水道課『最近の水道行政の動向について』平成29年9月）。調査アンケートに対して、およそ40％の水道事業者が、水道事業の運営に必要とされる水道施設のデータを検索可能な形で整理していないと回答している（「整理していない」6・6％、「あまり整理していない」

32・2％、計38・8％）。

つまり、水道管路の位置を知っているのは、水道事業者が水道関連の工事業務を外部委託している地元の工務店だけということになる。4割近くの水道事業者は、管轄エリアの全体像が把握できておらず、一度も人間ドックを受けたことのない成人のようだ。これでは、今後の健やかな生活のための計画が立てられるはずもない。

地方の水道事業者の職員が仕事をサボってきたせいだと言うつもりはない。ほとんどの職員が、住民へのサービス品質を維持するために尽力していることは知っている。ただ、兼務や異動もあるだろうし、それ以上に、1312もの上水道事業を作った結果として、一つひとつの事業者の規模が小さくなり、各々の事業者は手が足りなくなっていることが多いのだ。しかも、となりの事業者と重複業務が発生しているケースが多い。

水道管路に関する更新計画が策定できていない事業者の割合は、給水人口100万人以上の14の事業者に関してはゼロ。しかし、給水人口5万人以上25万人未満の事業者に関しては、約38％。また給水人口5万人未満の事業者となると、実に約70％の事業者が更新計画を策定していないと回答している。地方の自治体の体力のなさが、そのまま水道行政に反映されているのが実態である。

では、今から水道管の現状を知ることはできるだろうか。たとえば橋梁《きょうりょう》やトンネルでは、コンクリートの中で何が起こっているかを見ることはできないが、音感センサーを使えば、ある程度は推定できる。

水道管はこれまで、「間接診断」と「直接診断」と呼ばれる二つの診断方法で、その状態の把握が試みられていた。

間接診断とは、管路や水圧、水量などのデータや、日々の運用の中から得られる知見から診断する方法で、当然、それができる人はベテランに限られる。また、属人性が高いことが容易に想像できる。

一方の直接診断は、埋設した管の表面や周囲の環境を目視したり計測したりすることで診断する方法だ。信頼性が高く、精度も高く、また、周囲への説得力もあるのは直接診断方法である。しかし、この診断方法を採用するには、道路を掘り起こす必要がある。これには時間とコストがかかる。

できれば、掘り返すことなく、精度高く診断をしたい。すると答えは自ずと、ソフトウェアによるシミュレーションということになる。

第3章　世界の水道インフラは今どうなっているか

世界最大のフランス「水メジャー」

日本には１３１２の上水道事業があり、そのうち台帳管理をしている事業者は、全体の６割程度と書いた。残りの４割の多くは、中小規模の水道事業者だ。

そもそも１３１２という数は極めて多い。日本の人口１億２５００万人の約半分、６７００万人のイギリスでは、水道会社は18社だ。もともと少なかったわけではない。１９８０年代に、当時のサッチャー政権によって水道事業が、水道管を含む水道施設の所有権を含めて、完全に民営化されており、合従連衡を繰り返した結果である。イギリスでは、水のインフラは民間企業が担っているのだ。

世界には、「水メジャー」と呼ばれる存在がある。水道事業を担うグローバル企業のことだ。

最大手はフランスの「ヴェオリア」で、ヴェオリアといえば、水メジャーの代名詞。とはいえ、水道事業だけを手がけているわけではなく、廃棄物、エネルギー管理と合わせて三つの柱を持っている。世界70カ国に拠点を持ち、全世界で7900万人に水道サービス、6100万人に下水処理サービスを提供している。従業員は約22万人で、2021年のグループ連結売上高は285億ユーロ（約3兆4700億円）だ（なお、本書の円換算については、あくまでも目安として、記載の年の日本銀行発表の平均値により算出した。以下同）。

ヴェオリアに続くのはスエズだ。やはりフランスの企業で、上水道事業、電力事業、ガス事業を行っている。スエズは、世界1億4500万人に水を届けている。世界20カ国以上に拠点を持ち、19年のグループ連結売上高は180億ユーロ（約2兆2000億円）、従業員は約8万9000人だ。

水メジャーのツートップがどちらもフランス企業であるのは、水道事業に限らず、交通インフラなども官民連携で構築してきた歴史と無関係ではないだろう。水道事業は1853年にリヨン市が現在のヴェオリアに委託したことが現在につながっているという。

パリでも100年以上、民間企業が水道事業を担ってきたが、2010年に再公営化（正確には公社化）されている。なお、ヴェオリアはスエズを3兆3800億円で買収することが決まっている。

もうひとつ、他国の例として中国のケースを挙げておく。国土の広さ、人口の多さから想像できるとおり、中国の水道市場は非常に大きい。もともとは国営で進められていたが、他の事業と同様、民間企業の進出が認められるようになっている。その結果、米シンクタンク世界資源研究所は、中国全土の上水道の17％以上、下水道の67％以上に民間企業が参入していると試算している。

興味深いのは、海外企業にも門戸が開かれていることだ。おそらく中国としては、提携によって海外企業のノウハウを吸収したいのだろう。コンサルタント大手の北京創業やソフトウェア開発大手の清華同方など、異業種から参入した中国版水メジャーとも呼べる巨大国営企業が台頭してきているのは、こうした政策の結果だろう。今後も中国の内外で、水メジャーに名乗りを上げる企業は増えていくはずだ。

さて、こうした欧州や中国の現状に対して、日本にはヴェオリアやスエズのような水メジャーは存在しない。水道事業は公営だからだ。

上水道の運営は厚生労働省の、下水道の運営は国土交通省の所管事業だが、予算の策定、水道料金の徴収、水道管路や貯水池といった施設の管理・運営に対する資金の使用など、実際の運営は、全国にある３８１９の水道事業者が担っている。広範囲な地方分権を行った結果、様々な問題が発生しているように見える。

これはアメリカでも一部の民間企業による運営を除き同様だ。上水道に関連する施設運営に関しては、行政は中央集権的で大きな予算を持たず、地方行政を指導するのみという立場を貫いている。

経済合理性に合わない日本の水道経営

では、日本の水道施設はどのような財務的背景で運営されているのだろうか。

基本的に水道事業者は、水道料金収入の範囲内で、日常行われている取水、浄水、配水、施設建設や管路更新といった事業を運営する。特別な場合以外に税金は使われておらず、独立採算で事業が行われる地方公営企業の一つだ。市バスや都営地下鉄などをイメージしてもらえるとわかりやすいと思う。また、日本における既存の水道施設の資産

図2　水道施設の資産規模の概要

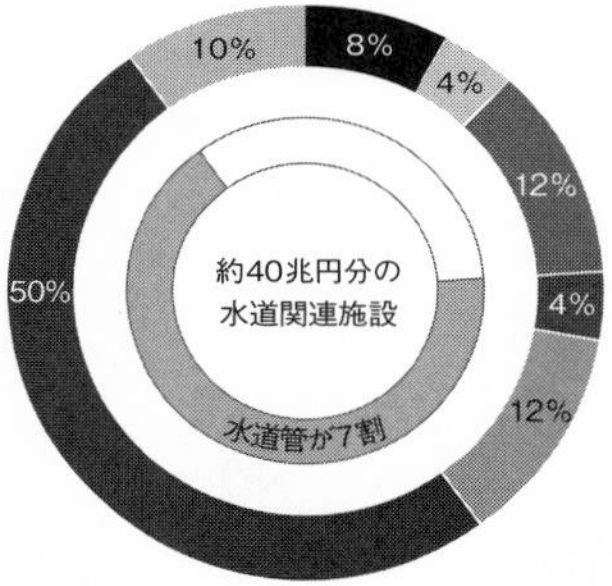

水道施設全体の中で「水道管」を含めた設備の占める割合は7割だ（2014年の国土審議会水資源開発分科会調査企画部会資料より）

規模は約40兆円で、そのうち水道管路（導水施設、送水施設、配水施設）を含めた設備が約7割を占めている（国土審議会水資源開発分科会調査企画部会資料より図2）。

水道事業というのは、典型的な設備集約型の事業なのだ。担当する地域の給水人口から徴収する水道料金という収入によって、水道管を布設、修繕、更新していく支出をまかなうというのがビジネスモデルで、収入を増やすために販路を拡大したり、支出を減らすためにサービス提供エリアを縮小したりといったことはできない。

大阪府枚方《ひらかた》市の上下水道局では、広告収入を得たり遊休地で農作物を栽培したりというアイデアもあるようだが、健全に運営するには、水道料金収入の拡大（収入増）と、水道管などの水道施設の運転・維持管理と修繕・更新実施の最適化（支出減）のバランスを保ち続けなければならない。

ちなみに日本では、自治体が水道事業を運営している場合、水道料金の引き上げは議会の承認があれば認められる。具体的には、首長が改正案を審議会に諮問し、審議会が合理性・妥当性に関する報告を答申し、議会で料金改定議案を決議し、厚生労働省へ届け出るという流れだ。

だから、昨今のウクライナ情勢を受けて値上がりしている電気代やガス代のようには、料金は簡単には上がらない。それでいて、2019年10月には水道水に課せられる消費税は電気代やガス代と足並み揃えて10％に上がっている。ペットボトルに入った水を買うときには8％の消費税であるにもかかわらずだ。水道事業者は厳しい努力を強いられている。

では、どれだけの水道事業者が収支のバランスを保てているのか。

ここで、各水道事業者における収入と支出のバランスを一覧する方法として、主要な都市部の管轄水道事業者内における、人口1人あたりが負担しなくてはならない水道管の長さを考えてみたい。事実だけを一覧できるように並べると、図3のようになる（「東京都水道局ウェブページ」「夕張市水道事業経営戦略」より）。

図３　主要都市部の人口一人が負担する配管の長さ

	導送配水管延長（km）	人口	配管の長さ（m）
日本全国	676,496	124,312,000	**5.4**
夕張市	216	8601	**25.1**
名古屋市	8,571	2,445920	**3.5**
札幌市	6,084	1,953851	**3.1**
福岡市	4,177	1,520491	**2.7**
横浜市	9,397	3,739963	**2.5**
東京都	27,881	13,443044	**2.1**
大阪市	5,229	2,716989	**1.9**

各水道局における収入と支出のバランスが一覧できる。夕張市の厳しい状況が見えてくる。

（「東京都水道局ウェブページ」「夕張市水道事業経営戦略（現在はサイトがありません）」より）

当然のことながら、東京都など人口密度が高い地域では、水道事業経営が有利になる。全国的な水道管１本あたりの長さは約４〜５メートルなので、たとえば東京都では、２〜３人で１本の水道管を負担しているという計算になる。つまり東京都は水道管の更新に多くの費用を費やすことができ、地震に強い水道管を積極的に導入できた。そのため、２０２１年10月の地震の際も被害がほとんどなかったわけだ。

一方、極端な例ではあるものの、北海道夕張市では、１人で約５本分の水道管を負担しなければならない。両者に財政的な差が生まれるのは一目瞭然だ。夕張市が古い水道管を地震に強い水道管に更新したくても、負担が大きすぎる。

さらに夕張市の水道料金は全国でもトップクラスの高い料金となっており、1人で負担する水道管の長さが水道料金の差の大きな原因の一つになっている。人口減少によって水道料金収入が減り、夕張市のように財政的に厳しく、水道管を更新できない都市がこれから増えてくる。都会に住んでいると、このような地方の差は感じる機会がほとんどないが、じわじわと迫ってくる危機であることを想像してほしい。蛇口をひねれば水が出るのは、いつまで当たり前であり続けるのだろうか。

事業経営のしやすさ・しにくさは、負担する水道管の長さのほかにも、原水の水質や地形でも変わる。たとえば、大阪は水源の水質があまりよくないため、浄水に多額のコストがかかっている。ポンプで水を汲み揚げ、水圧を負荷するときの電力は地形によって大きく異なる。

こうした違いによって、結果として給水人口1人あたりの費用負担が少ない事業者では、「供給単価（水を売る値段）－給水原価（水を作る値段）」が大きくプラスになり、滞りなく水道管の更新ができる。

しかし、採算が取れない地域だからと言って、場所がどこであっても、どれだけ人口密度や採算性が低くても、そこに人が住む限り水を供給するべきで、経済的な合理性よりもユニバーサルにサービスを提供するのがライフラインとしてのあるべき姿だ。

ライフラインを提供する事業者には、そこで暮らす人たちの雇用先として重要な役割を果たしてきたという側面もある。水道に限らず、電気、ガス、通信や土木も、流通もそうだ。人がそこに住むために必要なものがインフラストラクチャーであり、その面で、地方行政やインフラ関連企業が地方の雇用の受け皿になってきた。

しかし、そうした構図が崩れつつある。歳入が潤沢ではない国家や自治体は、経済的な非合理性を受け入れ続けるだけの体力を失っている。

水道コストの５割が水道管路関連

日本でもアメリカでも、長らく、どの水道管を更新するかは原始的な方法で決められてきた。これを人工知能、すなわちコンピュータの力を使って抜本的に改善したのが、僕がシリコンバレーで経営するフラクタの技術だ。

ここで簡単な計算をしてみよう。水道局で発生するコストのうち、水道管路を含めた設備（資産）にかかるコストが全体の約７割を占めているとする。設備のうち約７割が水道管路関連の資産だとすると、７割×７割で、全体のコストのうち、約５割、つまり半分が水道管路関連のコストになる。

フラクタの技術を使って、こうした水道管の更新コストを約4割削減することができれば、5割×4割だから、ざっと全体コストのうち2割を削減することができる。

給水収益を100とした場合、給水費用が105の事業者は営業利益率で言うとマイナス5%だ。しかしこうして抜本的な改革を行えば、営業利益率をプラスに変え、15%まで改善できる可能性があるということだ。

実は、日本の水道管路の管理状況は悪くない。率直に言えばかなりいい方だ。アメリカやイギリスのように本当にインフラがボロボロな国と比べれば、漏水事故の発生率も低い。これまで水道事業に関わってきた人たちのおかげであり、日本人の国民性も反映されているのかなと思う。

水道管のコンディションが保たれているのは、街を開発した当初から真面目にコツコツと水道管を更新してきたことによる効果だ。しかし裏を返すと、水道管に過剰な投資を行ってきたとも言える。

もっとも、過去には水道管の状況をつぶさに監視する技術がなかったのだから、過剰投資は致し方ないことではある。とりわけ予算が潤沢だった都市部の水道局はできるだけ多くの水道管をしらみつぶしに更新することで、漏水事故を防いできた。日本の水道にはそういう歴史があるのではないかと、僕は推測している。

問題は、予算が少ない地方部だ。加えて、都市部であっても、道路の下に埋められた水道管路の状況が把握しづらい地域だ。もしその状況が手に取るようにわかるようになれば、過剰投資を防ぐという意味で、水道局の財務状況をさらに改善できる。削減できた経費を他の施策に回せば、市民生活の質は今と同等に保たれたまま、より安価なものになる可能性が出てくるということだ。

危機的なアメリカの水道事情

なぜ日本生まれ日本育ちの日本人である僕が、水道インフラ維持のための会社をわざわざアメリカで立ち上げたのか。一つは、後で詳しく触れるように、アメリカに日本の旗を立てたいと強く思ったことだ。日本で市場を確立してから大きな市場に参入するのではなく、いきなり巨大市場で挑戦したいと考えた。

もう一つの理由は、日本よりもアメリカで先に水道インフラの問題を解決するべきだと思ったことだ。なぜなら、日本よりもアメリカの方が、より危機的な状態にあったからである。

僕はフラクタの創業のため、2015年にアメリカに移住した。しばらく経つと、多くの外国人から日本に対する評価を聞く機会に恵まれた。

「日本がいま一番訪れてみたい国だよ」

「日本の街にはゴミひとつ落ちていない」

という発言を何度も聞いた。

日本、それもほぼ東京に長く住んでいた僕は、自国をそういう目線で見ることがなかったことに気づかされた。日本の都市インフラに対する（相対的に）高い評価は、外国人から指摘されて初めて実感したのだ。

一方で、アメリカのインフラに対しては、僕なりの視点を持って客観的に眺めることができている。シリコンバレーの建設ラッシュには、いまだに眼を見張るものがある。オフィスを含む商業ビルや、住居用マンションの建設は、落ち着く様子が一切ない。ときどき帰る東京の景色が、以前とあまり変わらないのとは対照的だ。

新型コロナウイルスの感染拡大でペースが落ちるかとも思っていたが、その様子は見られない。それどころか、アメリカ政府のテコ入れ策がちょっとした資産バブルを生み出したため、加速しているようにすら見える。いずれ調整局面を迎えるとは思うが、今日もシリコンバレーは大きく脈を打っている。

1日に3件という漏水事故

もうひとつ、日本では目撃したことがなく、シリコンバレーやアメリカ国内での出張先では多く見かける光景も、僕を驚かせる。

それは、道路から染み出した水。アメリカでは、日本に比べて漏水事故が圧倒的に多いのだ。車で移動すれば、必ずと言っていいほど水道工事の現場にお目にかかる。日本であればあっという間にSNSで拡散されそうなのに、あまりにも当たり前の光景になってしまっていて、通りかかる人もほとんど気に留めていない。

それもそのはず、シリコンバレーの近く、サンフランシスコ・ベイエリアでは、水道の本管（道路の下を通っている水道管路のこと）における漏水事故が、年間で約1100件もある。単純に計算して、同じ市内で、1日に3件の漏水事故が起こっていることになる。漏水事故は毎日の食事と同じ頻度で起きているのだ。

では、日本ではどうか。東京都の水道局が管轄する「東京エリア全体」では、年間あたりの漏水事故が200件弱。1日あたり1件もない。しかもそのほとんどが軽微なものだ。なぜアメリカと日本とはこれほど違うのか。サンフランシスコと東京は何が違うのか。

まず、歴史的背景が異なる。日本では高度経済成長期の1960~70年代に、水道管路や貯水池などの水道関連施設が建設ピークを迎えた。戦争によって足踏みしていたありとあらゆる公共事業が急加速した時期に、水道インフラも建設されていた。

一方、アメリカではもっと早くに水道インフラが整備されている。建設のピークは1929年の大恐慌前と、1945年の第2次世界大戦後にある。つまり、アメリカには、日本よりも古い水道管が多いのだ。書けば当たり前だが、このシンプルな事実を理解するまでに、僕には時間が必要だった。

アメリカという国は、建国からわずか240年ほどしか経っていない。欧州やアジア各国と比べてずっと歴史が短く、新しい国という印象も強い。歴史の短さは、古い慣習や文化に囚われることが比較的少ないことを意味する。技術イノベーションを牽引してきたアメリカのイメージと、インフラの老朽化という事実が、どうしても頭の中で一致しなかったのだ。

しかし、データはアメリカ水道インフラの現状を雄弁に語っている。

全米160万キロ、地球40周分の水道管

全米水道協会（AWWA）によると、アメリカの水道管路の年間更新率は、たったの0・5％だ（米国環境保護庁＝EPA＝「水道システム復旧技術レポート2013」より。以下同）。日本の水道管路更新のペースは直近（2018年度）でも0・667％なので、日本よりも遅いということになる。

0・5％ということは、水道管1本あたり、200年に1回のペースでしか交換されないことを意味している。平均寿命が100年とされるねずみ鋳鉄や、強度が小さいプラスチックでできた水道管が200年保たないであろうことは、感覚的に理解できることだ。

では、なぜそれが放置されてきたのか。ここには社会的要因がある。地方分権が進んだ結果、アメリカには約5万3000もの水道事業者がある。日本の1312とは比べものにならない。そして、大半が数マイルから数十マイル程度の水道管路しか持たない零細水道公社で、各社とも水道管の更新予算の捻出に苦労している。だから、更新が滞

り、さまざまな街で漏水事故が起きているのだ。

たとえば、フラクタの顧客に、カンザス州の水道局がある。多くの企業の物流の拠点となるカンザス州ではあるが、水道インフラに限って言えば、この水道局の管轄エリアを中心として目を覆いたくなるものがある。

約1500キロの水道管路に対して、年間あたりの漏水件数は約500件。つまり3キロに1件。犬も歩けば棒に当たるではないが、カンザスをドライブすれば漏水に当たるといった状況だ。僕らのような事業者からすると、どのような環境下の管が漏水を起こしたのかAIに学習させるデータを多く取得できる場ではあるが、住んでいる人たちはたまったものではないだろう。AWWAは、100マイル（約160キロ）あたりの年間漏水件数を約20件に抑えることを適切な水道管路更新投資の目安としているから、目標値から3倍も上回っている状況なのだ。

ただし、カンザスは特別ではない。こうした街は全米に点在している。その結果、アメリカでの漏水事故の数は年間で24万件に上る（前出「EPA」の調査による）。日本の年間2万件という数字に比べて桁が1つ多いのは、布設されている約160万キロ、地球約40周分という水道管路の長さのせいだけではないのだ。

借金を躊躇しないアメリカ気質

アメリカの水道インフラを取り巻いている社会的な環境についても触れておきたい。会社を起業し、アメリカ人を雇ってしばらくして、本当に驚いたことがある。彼らの「借金に対する考え方」、もしくは「物を見る時間軸についての考え方」についてだ。

会社を経営していれば、出張旅費やら何やらで、会社経費の立て替えと、それに対する精算が発生する。日本の会社に勤めていても、だいたい1カ月に一度は経費を精算するために経理部に対して申請するという作業を、面倒だと思いながらも業務としてこなしている人が多いと思う。

当然、僕の会社フラクタでも経費精算が発生し、それに対して経営者である僕が承認行為を行うことがある。毎日は行えないので、ある程度まとめて、定期的に行っている。すると、アメリカ人の従業員から、「今月は銀行口座にある現金が足りないので、早く精算してくれないか？」「クレジットカードの利用が限度額いっぱいになっているので、経費を立て替えられない。最初から会社で支払ってくれないか？」といった相談をされることが多い。それも一度や二度ではなく、日常的にある。特定の従業員がというわけでもなく、早めの精算を求めるのだ。

好意的に解釈すれば、現金を預金として寝かせておくのはもったいない、と考えているのだろう。自己資金の多くは投資に充てており、手元の現金が薄いとも解釈できる。

そうした姿勢は、クレジットカードを限度額いっぱいまで使ったことがただの一度もない僕には奇妙に映る。言葉は悪いが、彼らは借金漬けになっているとも言える。クレジットカードでの買い物は、短期的な「借り入れ（借金）」にほかならない。借金はしないに越したことがないというのが僕の考えだ。しかし、視点を変えてアメリカ人の彼らからすると、僕は金銭面においては超保守的な人間に映るだろう。

この程度なら個人の好みの問題とも言えるが、この傾向は、フラクタで働くアメリカ人だけでなく、アメリカ全体にあるように見える。

クリスチャン・ベールや『マネーボール』でおなじみのブラッド・ピット、『ラ・ラ・ランド』などで知られるライアン・ゴズリングらの出演で人気を博した映画『マネー・ショート　華麗なる大逆転』（アメリカ公開2015年）でもそうした様子が描かれていた。日々の仕事にも生活にも困っている人が、住宅ローンを組むという形で借金を重ねながら高級不動産を4つも購入して、その家賃収入で食いつなぐという生活スタイルは、僕の目には実にアメリカ的に映る。そのアメリカンライフは、2008年にリーマンショックという形で破綻し、アメリカのマクロ経済を崩壊させたことはご存じの通りだ。

僕個人の印象では、水道インフラの建設が日本より早かったことより、こうした場当たり的とも言える国民性が、古くなった水道管を計画的に更新するのではなく、壊れてから補修するという事後保全の考え方につながっているのだと思う。そのツケが、今になって回ってきている。

「ねずみ鋳鉄管」「石綿セメント管」

インフラ布設時期の古さと国民性に加え、アメリカの現状をさらに悪くしているのは、埋設されている管そのものの材質だ。いまだに「ねずみ鋳鉄管」「石綿《せきめん》セメント管」という二つの管種が地中に埋まっている。前出「EPA」の統計によれば、39・6%をねずみ鋳鉄管が、また15・8%を石綿セメント管が占めている。

鋳鉄とは鉄を使った鋳物《いもの》のことで、ねずみ鋳鉄を含めた鋳鉄は、脆いという弱点を持つ。色はもちろんねずみ色。アメリカでは長い間、そのねずみ鋳鉄を材料としたねずみ鋳鉄管を主に水道管に用いてきた。20世紀に入ってから開発された、より強靱な管種、例えばダクタイル鋳鉄管や新しいプラスチック管といった管種と比べて脆くて割れやすく、腐食による漏水事故を頻繁に起こすという意味で、最も危険な水道管の一つだ。ダクタイル鋳鉄は脆さをカバーして強度が高い材質であるが、布設が盛んだった時代はねずみ鋳鉄が主流である上に、よい防食用の塗料がなかった。

石綿セメント管も別の意味で危険である。石綿セメント管は製造が容易で安価であることから1920年代から使用が広まり、鉄不足の時代にある程度の強度を確保できる材料であったため急速に使用が広がった。しかし、経年劣化による強度の低下が大きく、補修の際に、発ガン性物質の石綿（アスベスト）を撒き散らす恐れがある。〝先進国〟であるはずのアメリカでも、まだ多くの石綿セメント管が更新されずに使用されている。日本でも2012年には石綿の製造が全面的に禁じられた。また、水道管に限らず、石綿が使われた建築物を解体するときには様々なルールに従う必要がある。

全米水道協会の調査によると、遅れに遅れた水道管の更新ペースを取り戻すには、向こう30年で約1兆ドル（約110兆円）近い資金が必要だという（米最大の民間水道会社「アメリカン・ウォーター・ワークス」のレポートより）。ドナルド・トランプ前大統領は、大統領選で上水道などインフラの再生を選挙公約として掲げていた。しかし、就任後は50州にまたがる「連邦レベル」での予算が十分に取れず、結果として「州レベル」「市レベル」に連邦から改善を要請するに留まった。

それでも大統領選での公約としたのにはこうした背景があったのだ。

2020年、そのトランプが大統領選に敗れると、2021年に新たに大統領になったジョー・バイデンは、経済対策の柱の一つにインフラ投資を掲げ、インフラの整備や再生可能エネルギーに関した雇用の創出のため、8年間で約1兆2000億ドル（約131兆8600億円）規模の投資をすることで超党派と合意した。このうち水道インフラには550億ドル（約6兆円）が投じられる見込みだ。

しかし、喜んでばかりはいられない。感染症拡大の影響で収入が激減した住民のために、公共料金を減免しようという動きも見られた。公共料金のうち、首長が値下げを決定できるのは水道料金だけだ。だから水道料金が下がったかというとそうではない。減免措置は極めて限定的なものであったり、なぜか値上げをした地域もある。

理由はおそらく、水道事業についての長期的ビジョンがないからだ。だから、どの程度まで減免可能なのか、判断ができない。緊急事態下で適切な判断を下すには、平時のうちに、水道事業の現状を客観的に把握しておく必要がある。それができていなければ、いざというときに身動きはとれない。アメリカはこの負のサイクルにはまってしまっている。

この現状を招いたのは、水道事業者、そして住民だ。どちらの側にも、何があっても水は使えるという緩み、あるいは甘えのような気持ちがあったからだと言わざるを得ない。

新型コロナウイルスの感染拡大は、感染症の恐ろしさだけでなく、日常に潜むリスクをも僕たちに突きつけた。

911番に電話をしても救急車が来てくれない。スタッフの間でクラスターが発生したためゴミの収集が休みになった。保育園・幼稚園が休みになったため仕事に集中できない。以前ならすぐに買えていた薬が、薬局で品切れが続いている。工場がロックダウンされたため部品が生産されず、給湯器が壊れてもすぐには交換してもらえない――。ひとつのきっかけが、多くのインフラにゆがみを生じさせた。これはアメリカに限った話ではない。日本でも同じだ。もはや、見て見ぬ振りはできない。

アメリカの課題は、水道事業者の数が多すぎること、水道施設が古くに整備されたこと、使っている素材の古さ、そしてそれを放置してきた国民性の当然の帰結と言える。

本音と建前のイギリス気質

今度は欧州の例を見てみよう。イギリスだ。

イギリス、特にその首都ロンドンの街並みは美しい。この街は、車社会を前提としたアメリカ型の街づくりとは根本的に異なる思想の下で創り上げられた。広大な土地を直線的に区画整理するのではなく、古い時代から積み上がった街並みを維持しながら、100年以上経過した歴史的建築物をリノベート（改修・補修）して少しずつ近代的なビルを織り交ぜている。

街が異なるように、気質も異なる。つい「欧米人」という括りで一緒くたにしがちだが、イギリス人とアメリカ人では、実際にビジネスや生活の現場で接してみると、全くと言っていいほど違う。僕の主観では、イギリス人には基本的に「本音と建前」があり、思慮深く、伝統を重んじ、また繊細で、日本人と近い点も多い。一方のアメリカ人は、直球勝負で議論を進め、新規性を重んじる。フラクタはアメリカでもイギリスでもビジネスをしているが、話が早いのはアメリカだ。

アメリカ人はビジネスではお世辞を言わない。興味があればあると言うが、なければないとはっきり言う。こちらとしては、脈があるのかないのかが即座にわかってありがたい。

しかしイギリス人はそうではない。展示会の会場では「ぜひ検討したい」「こんなイノベーションを待っていた」と絶賛するのに、展示会が終わってから連絡をしてもなしのつぶて。要するに、イギリスのビジネスには「本音と建前」があるということだ。

こんな具合に、国民性としては真逆に見えても、こと水道インフラの話になると、類似する部分が出てくるから不思議である。それは、悲惨な漏水の状況だ。

イギリスの水道管が経年劣化していると聞いても、歴史の長さを考えれば、誰も驚かないかもしれない。だが、現状は想像以上だ。政府統計（『Discover Water』）によると、イギリスの水道管路の総距離は、約34万5000キロある。日本のそれは67万6500キロだから、本州ほどしかない国土の面積に比例する形で、イギリスの水道管路の長さは、日本の約半分だ。

『BBC NEWS』によれば、水道管路（水道本管と呼ばれる、家屋の真下ではなく、道路の真下を通っている水道管路）では、首都ロンドンだけでも年間平均6000件もの漏水が報告されている。東京都は年間２００件弱だから約30倍。面積の違いを考えるとざっと約40倍の頻度になる。

これらすべてに対応して水道管の適切な更新を行うとすると、向こう30年で１４５０億英ポンド（約21兆３７００億円）ものお金がかかると試算されている。

それでいて、イギリス全体に布設されている水道管路の60％について、布設年度（配管の年齢）がわからないという。思慮深い国民性と言われるのに、なぜこんな状態になっているのか。ヒントは国家財政の窮迫と、その末の民営化だ。

サッチャリズムで水道民営化、サービスより転売益

イギリスの水道事業者はアメリカや日本より、かなり少ない。全土でたったの18しかなく、民間企業だ。ただし、公営事業だった時代から少なかった訳ではない。１９４５年には１２２６もの水道事業者があったがその後統合が進み、１９７３年には１８７にまで減っていた。それが今では18まで激減したが、この間に事業主体は公から私企業へと移っている。

かつては行政が担ってきた水道事業がなぜ民間に移譲されたのか。その背景を知るに

は、歴史を遡る必要がある。

ここ数年、ブレグジット（イギリスのＥＵ離脱）が世界中のメディアを賑わせた。２０１６年の国民投票で51・９％の国民がＥＵ離脱を選んだことに端を発し、三度の延期を経て、２０２０年12月31日、イギリスは１９９３年の設立以来加盟していたＥＵを正式に離脱した。

ヨーロッパ諸国と一線を画したこの件が放つメッセージは大きい。

なぜ、イギリス国民はブレグジットを選択したのか。この背景には、個人または地域レベルでの貧弱な経済があるといわれる。これを根本的に解決するために、あえて劇薬を求めたというわけだ。

振り返れば、40年ほど前のイギリスでは財政が逼迫《ひっぱく》していた。「ゆりかごから墓場まで」と言われた手厚い社会保障政策のあおりを受けたのだ。これを問題視した時のサッチャー首相は、様々な財政再建策を講じる。その中に、水道事業の見直しがあった。当時、イギリスでは水道事業が財政を圧迫する要因のひとつだったからだ。サッチャーはこの水道財政を国家財政から切り離し、強硬に水道事業の完全民営化を押し進めた。その是非に関してここでは論じないが、部分的に民営化するのではなく、すべての水道局を一気に民営化したイギリスの例は世界でも極めて稀だ。

1989年、イギリスの水道局は完全に民営化された。それから約30年、ブレグジットを選択したイギリスは、サッチャー首相が意図した通りの道筋を歩んできたのだろうか。

先述の通り、現在、イギリスには民間の水道事業者は全部で18社ある。公営事業はほとんど存在しない。そして、これら18社すべてで、漏水に関する現状は惨憺《さんたん》たる有様だ。念のために言うと、民営化そのものは成功した。水道事業は国家財政に影響を与えなくなったという意味ではその通りだ。しかし、国民目線からすれば、必ずしも成功とは言えない。

水道民営化とは、別の言葉で説明すれば、イギリス政府が保有していた水道事業のエクイティの民間企業への売却だ。エクイティとは、対象となる水道事業全体を使用・収益・処分するための包括的な権利のことで、民間企業ではこうした権利のことを株式と呼ぶ。

政府からそれなりに大きな水道事業のエクイティを買える民間企業は限られる。実際にイギリス政府は、フランスの「ジェネラル」（現在のヴェオリア）や「リヨネ」といった大企業と有名投資ファンドに水道事業を売却した。

ここからは僕個人の見解になるが、株式会社、特に大企業と呼ばれる株式会社というのは一筋縄ではいかない。表向きは耳あたりのいいことも言うが、彼らの目的は自分たちの株主を儲けさせることだ。儲けさせる方法としては、配当を出してインカムゲインを与えるものと、株価を上げて売り抜けさせてキャピタルゲインを与えるものがある。どちらかのためにやれることは何でもやるのが、株式会社ということだ。

投資ファンドに至っては、ずっと直截的だ。事業としてモノやサービスを作ったり売ったりすることすらせず、場合によっては法律スレスレの手段を含め、あの手この手で株価を吊り上げて売り抜けようとする。


水道会社の経営者の年俸はイギリス首相より多額

イギリスで水道事業が民営化された後に起きたことは、こうした資本主義的な思考の純粋な延長線上に位置する。

水道事業の所有・管理主体となった民間事業者、つまり大企業や投資ファンドは、水道インフラの維持・管理といった地道な作業には目もくれず、目先の利益を向上させるマネーゲームにのめり込んでいった。基本的には何もやらないとはいえ、何かやっているフリをして、水道料金を上げ続ける。

言い過ぎだと反論が出るかもしれない。しかし、僕が見る限り、ここ30年の全体の流れだ。水道料金を引き上げ、コストを変えなければ、形式上の利益が大きくなる。したがって、水道事業のエクイティの価値は上がったように見える。上がったように見せておいてしばらくすると、投資銀行などのファイナンシャル・アドバイザーを使い、買い手を見つけて、水道会社の株式を売り抜く。次のエクイティ保有者――ご多分に漏れず大企業と投資ファンド――は、高値でエクイティを摑んだことになるが、どこ吹く風だ。最終的には水道料金の引き上げという形で国民にリスクを背負わせてしまえるので、大企業や投資ファンドが損をするリスクは低い。また、水道料金とコストの差分である利益がきちんと出ていると主張して、さらに第三者に転売していくこともできる。

実際に、民営化によって1989年に誕生したイギリス最大の民間水道事業者テムズ・ウォーターは、2000年にドイツの電気事業者RWEが買収、そのRWEは2006年に水道事業をオーストラリアのケンブル・ウォーターに売却した。ファイナンスの世界では、最終的な受益者である消費者を無視したババ抜きゲームが頻繁に繰り返される。人間に宿った強欲は、ある種の普遍性を持っているということだろう。

とにかく、民営化によって国民が受けられる水道サービスの質は大幅に低下した。その様子を目の当たりにし、2017年には国民の83%が水道事業の再公営化を望むに至った。翌年3月には、当時の環境・食糧・農村地域省大臣が、怒りの告発をしている。大臣は保守党議員で、財政再建と民営化を進めてきたサッチャー政権の流れに連なる人物が民営化に異を唱えたのだ。

告発によると、民営化されたイギリスの水道会社は、2007年から2016年の間に約188億ポンド(約2兆7200億円)の純利益を得ていた。この間の株主への配当額は181億ポンド(約2兆6100億円)。つまり、儲けのほとんどが、株主の懐に注ぎ込まれていたのだ。問題はこれだけではない。水道会社の経営者が軒並み、イギリス首相のなんと5倍以上の年俸を受け取っていることが明らかになった。

漏水率と無収水率で規制強化

事態を長らく放置してきたイギリスの水道事業規制当局(Ofwat:オフワット The Water Services Regulation Authority)は、こうした動きと、各水道会社の通信簿とも言える漏水率や無収水率（生産水量に対し、漏水や盗水によって生じる、生産水量から販売水量を除いた水量の割合）の高さにさすがに危機感を抱きはじめたようで、２０２０年度から規制強化に取り掛かっている。特に、２０１８年の寒波の際に全英で発生した水道管路からの漏水の反省から、２０２０年から２０２５年で漏水量を16％減らそうとしている。

具体的には、漏水率や無収水率について具体的なターゲット（目標）を定め、決められた期間のうちに達成できない水道事業者に関しては、名前を公表した上で罰金を科す、というものだ。要するにつるし上げだ。もちろん、こうしたターゲットを達成できない事業者に対しては、水道料金の引き上げを実行させないという本格的な取り組みだ。

しかし、根本的な解決を図るには、水道管の現状を把握するというプロセスは避けて通ることはできない。

労を惜しみ、ただただ水道料金を引き上げることで、利ざやを拡大してきたイギリスの民間水道会社にとって、当局の決定は非常に大きなインパクトをもたらした。青天井に水道料金を引き上げられなくなり、規制に違反しないよう追加のコストを積み上げる結果、利益にマイナスインパクトが出ると予測されているのだ。

といっても同情はできない。すべきことをしてこなかった宿題の山が目の前に積まれているだけだからだ。

放置の挙句、投資ファンドを中心とした株主が、損切りした上で株式の売却に動くのではないか、と目下のイギリスの水道業界でもっぱら噂されている。補修する費用をかけたくない事業者ならびに株主の意向を反映して、多少漏水があっても無視してそのままにする傾向さえ出てきている。

これがイギリスの水道の現状だ。このほかに日本との違いを記しておくと、イギリスの末端の水道管の直径はやや小さく、日本やアメリカと比べれば各家庭における水道の使用量は少ない。また、水道料金が使用量では決まらないという特性があり、多くの家庭には水道メーターが設置されていない。水道料金は家の資産評価ごとに定められていて、どれだけ使ってもどれだけ使わなくても同料金。節水意識を作りにくい構造になっている。

株主は外国資本が多く、水道事業における使用機材についても外国製品を広く受け入れる土壌がある。ブレグジットが、こうした輸入にどのような影響を与えるのかは、未知数だ。かつてはイギリス国内で多くの水道管が生産されており、そのイギリスの水道管を日本が輸入していたことを考えると、これは大きな変化だ。僕たちがイギリスの水道の歴史から学ぶことは多い。

第4章　日本、動き始めた自治体は何が違うのか

海外での話が長くなってしまったが、この章では、フラクタが日本でどのようなことをしてきたかを紹介したい。

フラクタの日本事業

フラクタはアメリカ、イギリスで実績を積んだ後、２０１９年に日本でも本格的に活動を始めた。以来、多くの水道事業者の人たちとディスカッションを重ね、実際にリスクの算出を行ってきた。

出会う人はみな、水道インフラを持続させるには管の更新に課題があると感じていて、どうすればそれを解決できるかに頭を悩ませてきた人たちばかりだ。彼ら彼女らは、フラクタのソフトウェアが出した数字を、身を乗り出して、文字通り、前のめりになって

覗き込む。そしてその数字と、勘と経験という言葉ではまとめきれない暗黙知とを鮮やかに結びつけていく。ああ、水道のプロなんだなとリスペクトが生まれる瞬間だ。具体的な数字が議論のきっかけとなって、抱えている問題が一気に整理され、多彩なアイデアが飛び出し、そして、解決へと動いていく。

そうした様子を目の当たりにすると、この仕事を選び、突き進んできてよかったと心から思うし、より多くのシビック・プライドを持つ人たちの仕事を支えていきたいと思う。

最近、確信したことがある。水道の崩壊をテクノロジーによって食い止めるのが僕らの仕事だ。しかしこの仕事には、データをきっかけに組織を活性化するという役割もあるのだ。テクノロジーの力とはつまりこういうことなんだなと痛感している。

ここで紹介するのは、それに着手した、愛知県豊田市、福島県会津若松市、兵庫県朝《あさ》来《ご》市という三つの自治体だ。

まず、各市の担当者に感謝したい。水道事業は公共事業であるためか、何をしてどのような成果が得られたかをオープンにする文化がない。フラクタのソフトウェアを使って分析をしたいくつかの自治体については、協業そのものを非公開にすることになっている。そうした中、この三つの街は取り組みを公にしていいと言ってくれた。

国内初のクライアント・愛知県豊田市

豊田市は愛知県北部に位置する中核都市だ。言わずと知れたトヨタの企業城下町で、人口は40万人を超え愛知県内では名古屋市に次いで多くの人が暮らしている。フラクタにとって日本で最初のお客様になったのはこの豊田市だった。

２０１９年、フラクタの名前は日本のスタートアップ界隈でも多少知られるようになっていたが、知名度は今よりももっと低い状態だった。

だからこそ、ＮＨＫの『おはよう日本』を含め、いくつかのテレビ番組でフラクタの活動が取り上げられたときには、淡い期待を抱いていた。この番組を見たどこかの自治体の水道局が、連絡をしてきてくれないか、と。

その連絡を、真っ先にくれたのが豊田市上下水道局だった。

そもそも、水道がテレビで扱われることは稀だ。その日、豊田市上下水道局では、朝に放送された番組で知ったばかりのベンチャーが話題になっていたという。副局長が水道維持課の主幹にまで「見たか」と確認するほどで、わざわざ連絡先を調べ、声をかけてくれたのだ。

最初にもらった連絡からは、フラクタへの関心の高さに加え、フラクタへの警戒心が同時に感じられた。何しろ、アメリカの、AIを使った技術を売りにした、スタートアップである。創業者はかつて、グーグルに会社を売ったことがある。下調べの結果、こうした情報を得た水道局の担当者は、外国人と英語で、オンラインで対話を進めることになるのではないかと思ったらしい。当時、日本での事業を取り仕切っていた樋口宣人《のりと》が、日本人が日本語で対応する旨を伝えたことで、安心してもらえたようだ。

事実、フラクタは日本では日本の水道業界の風習に合わせて、忍耐強く、別の言葉を使えば時間を掛けてビジネスを展開していくことに決めていた。

ちなみに樋口は、フラクタが2019年6月に日本での事業責任者を募集したときに、まっさきに名乗りを上げてくれた人物だ。薬のネット販売に風穴を開けたケンコーコム（2016年に楽天に買収された）の創業者の一人でもある彼とは以前からの知り合いで、ビジネスに関する話はしていたが、まさか彼がこの船に乗ってくれるとは思っていなかった。しかし彼は、僕がフェイスブックの投稿で、事業責任者を求める旨を記した30分後には決断して連絡をくれた。すでに決まっていた新しい仕事をすべて断った上でのことだ。50歳を超えてなおフットワークが軽いのは、大学時代にアメリカン・フットボールのクオーターバックとして活躍した彼ならではのことだと思った。

日本での僕たちの顧客はほぼすべて自治体だ。日本の自治体には、スタートアップのように身軽に動けない事情がある。秋には翌年の予算の検討が始まり、年が変わる頃までにその予算案が議会にかけられ、予算が承認されるとその予算に基づいた事業が動き出し、入札が始まり、夏ごろにその入札が終わる。そして、年度内に事業を終える。ということは、来年、その自治体で仕事をしたいと思ったら、1年前に準備を始めていては遅いのだ。

僕が樋口に日本の事業を任せたのも、彼ならそれができると思ったからだ。

勘と経験がAIを生かす

さっそく、樋口は豊田市に出向いてくれた。上下水道局の研修で話をするチャンスをもらったのだ。まずは会社の自己紹介と技術を説明し、デモンストレーションをした。その上で豊田市の抱える課題をヒアリングしている。

当時、豊田市は老朽化した水道管を効率的に診断する方法を模索していた。日本一の企業城下町だから、他の自治体に比べてお金がないわけではない。これまでも水道管の更新は、計画に沿って進めてきた。それでも、局員のみなさんにはこのままでは水道インフラを維持できなくなってしまうのではないかという危機感と、それを技術の力で解決したいという強い意欲があった。漏洩探知のために警察犬が使えないかと、訓練学校に問い合わせをしたことまであるという。では、何が豊田市の課題だったのか。

今の豊田市は、2005年4月1日に西加茂郡の藤岡町と小原《おばら》村、東加茂郡の旭町と足助《あすけ》町、稲武《いなぶ》町と下山村を編入合併して誕生している。自治体ごとにそれぞれの考え方で進めてきた水道行政が、一所にまとまったことになる。面積は愛知県内で最大で、高低差も1200メートル以上あり、管路延長は3600キロ。合併前の自治体がそれぞれ布設・管理してきた水道管が、広い範囲に、しかも3次元に張り巡らされているのが豊田市なのだ。人口の少ない山間の集落では、井戸から塩ビ管で各家庭に水を届けているところもある。多様な環境にある多くの水道管を、より効率よく更新していきたい。それが、豊田市のモチベーションだった。

以前は、どこを優先的に交換するのかを経験に基づいて決める部分が多かった。それができる人材もいた。しかし、ベテランは高齢化し、いずれは職場を去って行く。今後は、勘や経験ではなく、データによる説明が求められていくことも理解されていた。課題が明確だったからだろう。フラクタとのミーティングでは、どうやったらできるのか、どう使うのがより良いのかといった前向きな質問がポンポンと飛びだした。自ら作り出す技術で世界を変えようとするグローバル企業のお膝元の市役所には、新しい技術への信頼とリスペクトが根付いているように感じられた。その点では、話は早かった。

一方、技術をよく知っているからこそ、予測性能については厳しい質問を浴びた。たとえば「漏水のリスクが高いとは、具体的にはどの程度の確率で漏水するということなのか」。

この問いに答えるのは難しい。というのは、漏水とはそう多発するものではないからだ。これがたとえば降雨であったり、近所のカフェで一番人気のマフィンが売り切れていたり、といった、高い頻度で発生するリスクであれば、かなりの精度で確率を予測できる。震度7の直下型地震が発生するリスクはどの程度の確率かを算出するのは難しくても、1年間で震度1の地震に見舞われる確率の算出はそう難しくない。

では、頻度の低い巨大直下型地震というリスクに備えなくてもいいのかというと、そうではない。頻度は低くても、いざ発生してしまうと、被害は甚大だからだ。フラクタの技術は、この頻度は低いけれども甚大な被害をもたらす、言ってみれば直下型地震の起こる確率をシミュレートするようなもので、だからこそ「このくらいの確率です」と表現するのが難しいのだ。同じ日に製造され、同じ日に布設された水道管が、同じ日に破損するわけではないことも、話をややこしくする。

しかし、この点は樋口がうまく説明をしてくれた。同じ日に生まれ、同じだけの時間を過ごしていても、定年退職の頃にはくたびれてしまう人と、まだまだ意気軒昂な人とがいる。こう話すと、特に定年間近の職員は、深く頷いてくれたという。

ともあれ、豊田市上下水道局の職員のみなさんは、僕らにありったけの問いを浴びせてくれた。これが後々、他の自治体と話をするときに大いに役立った。水道のプロはどこに疑問を持ち、どう説明したら理解してくれるのか、あるいはしてくれないのか、その知見を与えてくれたからだ。

豊田市では、回を重ねるごとに参加者が増えていった説明会を行っただけでなく、グループワークを行うことにもなった。参加する職員をいくつかのグループに分け、グループごとに市内の水道管布設地図を見ながら、自由に話をしてもらうのだ。

「この地域は漏水が多い」「ここは何年前に俺が工事した」「地震の後には必ずこの地域

を確認に行く」

こうした言葉は、かつては語り手の中にだけある暗黙知であったことが多い。そうした暗黙知が、グループワークによって形式知になると、僕らのＡＩはより賢くなっていく。

暗黙知の中には「今日は夕焼けがきれいだから明日は晴れる」のように、「天気は西から変わるから、夕方に西の空が晴れて夕焼けがきれいということは、明日は晴れだ」という因果関係まではわからなくても、体感的にそう知っているというものがある。こうしたプロの勘《カン》と呼ばれがちなものもＡＩは大歓迎だ。僕らが集められる情報だけではある程度しか賢くなれないＡＩが、その道のプロが蓄積してきた知識を授けられるとぐんと賢くなる。ＡＩは、ＡＩだけでは人の役に立てない。長年、人が蓄積してきた知見を授からないと、実力を発揮できないのだ。

豊田市では、進取の気性に富んだ職員のみなさんの協力があり、全市エリアの診断を行うことができた。また、職員のみなさんが抽出した、過去に事故が発生して対応に苦労した場所や今後事故が起きた場合に対応に苦労しそうな場所など、計１８３カ所について、復旧に必要となる時間や人員、復旧の間に必要となる給水車の台数も定量化し、

2020年11月に最終報告書を提出した。

ただ、この段階ではまだ、人間ドックの結果を示したようなもの。この地域はA判定、この地域はC判定といった具合で、見せられた側も「まあ、こんなものかな」としか感想を抱けないと思う。

しかし、2021年1月、豊田市南部で漏水事故が発生し、AIの予測が正しかったことがわかると、もう僕らの説明は不要になった。水道のプロは、AIが何を言わんとしているのかを的確に理解するからだ。

豊田市では今、水道管の更新計画の見直しを進めようとしている。フラクタもできる限りの協力をしていきたいと考えている。

フラクタにとって、技術で前に進んでいこうとする豊田市のこの案件が一号案件になったことのメリットは計り知れない。水道行政に対する理解を深めることが出来たし、新しい視点を授けてもらえた。豊田市はフラクタにとって顧客だが、戦友のような存在でもある。

実は先述のとおり、豊田市上下水道局との取り組みと平行して、フラクタは豊田市をサービスエリアに含む東邦ガスとも、ガス管の劣化予測を進めていた。更新工事を同じタイミングで行えれば、その分、予算を削減できるし、周辺住民への影響も最小限に抑えられる。フラクタとしてもまさにモデルケースと言えるような取り組みを、最初の自治体と一緒に進めることが出来たのは大変ありがたいことだ。

豊田市のこの取り組みは、日本水道協会の令和3年度水道イノベーション賞特別賞を受賞した。

「会津三泣き」を実感・福島県会津若松市

東西に長い福島県では、太平洋側を浜通り、阿武隈川の流れる中央部を中通り、奥羽山脈から西を会津地方と呼んで区別する。その会津地方には〝会津三泣き〟という言葉がある。会津に移り住む人に対する会津人の気質を表したもので、一泣きとは、とっつきにくさに泣かされること。二泣きとは、次第に会津の人の優しさに泣かされること。そして三泣きとは、会津を去らなくてはならなくなったとき、別れがたさに泣かされることだ。会津若松市上下水道局での仕事は、まさにこの会津三泣きを実感させられるものだった。

会津若松市は城下町だ。鶴ヶ城周辺には住宅が建ち並び、観光地として人気の七日町通りには風情ある建物が並ぶ。一方で、中心地から少し離れると広大な土地に新しい戸建てが多く、路地が入り組んだ旧市街地と新しく開発されたフラットな地域のコントラストが目に付く。水道管の実態も、一様ではないはずだ。

日本におけるパートナー企業の一社で、水環境分野のエンジニアリングを強みとするメタウォーターによる仲立ちで、樋口が会津若松市上下水道局に出向いて初めて説明をしたのは2019年の秋だった。すでに豊田市でのグループワークまで体験していた樋口は、同じ水道局でありながら、雰囲気の違いに驚いたという。

フラクタの成り立ちや技術について説明をしても、反応が薄いのだ。担当者は黙って資料に目を落としていて、豊田市のように矢継ぎ早に質問を浴びせられることはない。もしかすると、フラクタは期待外れだったのかな。そんな風に思ってしまったこともあった。つまり、それが一泣きだったのだ。

対話を始めて4カ月ほどが経つと、徐々に、職員の抱く危機感が理解できるようになった。

会津若松市は、1967年に工場が建設されて以来、富士通の企業城下町だった。特に半導体については国内でも有数の生産拠点としてパソコンや携帯電話の普及を支えてきた。しかし、２００８年のリーマンショックは半導体業界の再編を加速し、富士通も生産拠点を見直すことになった。富士通が会津若松から撤退すると報じられたのは２０１４年のことだ。

50年近く、当たり前のようにいた企業がいなくなる。それも一瞬にして。こちらの事情などおかまいなしに。このことは会津若松の人たちに大きな衝撃を与えた。リスクはいつ顕在化するかわからない。

そしてその衝撃はすぐに、この街を自分たちの故郷として活かし続けるためには、できることはできるうちに、それも賢くやっておかなければならないという気持ちに変わっていった。少なくとも、水道局のＴさんやＥさんはそう感じた。だから「茹でガエルになるな」を合い言葉のようにして、フラクタにコンタクトしてくれたのだ。

Ｔさんや Ｅさんのしたいことは明確だった。

それまでは、漏水が起きたら手当をする事後対処が当たり前だった。そこに予防保全の考え方を取り入れて、リスクの高い地域では点検の頻度を上げ、低い地域では下げて、同じ労力でより効率的に水インフラを維持していきたいというのだ。そのために、フラクタの技術を元に独自の管理手法を確立しようという意欲を抱いていた。

そうわかってからはこちらも遠慮がなくなり、やはりグループワークなどを通じて暗黙知を可視化し形式知化し、さらに集合知へと変えていくようになった。フラクタの技術では何がどの程度わかるのかを説明し、AIは、これまで水道局の人たちが地道に集めたデータがあってこそ輝くのだと理解を深め、その過程では、物静かに見えていた会津の人たちの優しさだけでなく、どこかギラギラした情熱も感じられた。

それをAIに学ばせてリスクを算出してレポートを提出。2020年度末で、会津若松市とのビジネスはいったん幕を下ろした。メタウォーターの技術士の方が、フラクタと会津若松市上下水道局の方々との間に横たわる、技術的な理解の齟齬《そご》解消を手伝ってくれたこともあって、技術的に質の高いプロジェクトになったと自負している。

現在は、追跡調査として、いくつか試掘した管路の腐食の状況を共有してもらい、ともに解釈や評価を行うなど、良好な関係を維持している。

実は、新型コロナウイルスの感染拡大以降、やりとりが滞りがちになってしまった時期がある。そのとき、担当者からは「フラクタとの話が途絶えると、活力が下がった気がして、仕事がつまらなくなっていた」と聞かされた。それだけ頼りにしてもらっていたのだと、好意的に解釈している。

今、樋口は三度目の涙を流しているところだ。

都市部にはない高低差と悩み・兵庫県朝来市

もうひとつ、紹介したい。兵庫県朝来市だ。街のシンボルは天空の城、日本のマチュピチュとも呼ばれる竹田城だ。兵庫県北部に位置し、2万8000人ほどの市民のほとんどは山間に暮らしている。管路延長419キロはそう長い方ではないが、水道管は高低差を乗り越えるように巡らされていて、それが水道管に圧力をかけ、寿命を短くする。水道管の布設は1990年代に進められたため、法定耐用年数まではまだ余裕がある。それでも漏水が頻発していた。

朝来市との縁は、兵庫県庁のYさんによって結ばれた。僕らがスーパーサムライ公務員と呼ぶYさんは県の水道事業の統括として先行きを案じていたが、たまたま2019年出版の僕の著書『クレイジーで行こう！』を読んでフラクタの存在を知り、すぐにメールをくれた。しかもわざわざ英語でだ。当時はまだ、フラクタが日本で本格的に活動しておらず、こちらからの返事も、資料請求用の自動返信メールという、極めて失礼なものになってしまった。ところがYさんはそれでもフラクタとの接点を探し続け、僕らのパートナーになってくれている日本鋳鉄管を通じて再び連絡をくれた。

そこから繋がり、朝来市を紹介してくれた。神戸市でも姫路市でもなく朝来市だったのには「大きな所もいいけれど、小さな所を見て欲しい。都市部とのギャップが大きくなる一方の山間部を見て欲しい」というYさんの強い希望が反映されていた。当時、朝来市の水道担当者は5人。2000年代前半に比べて約3分の1に減っている。最も若手で30代、定年間近の人もいる。明らかに人は減っていき、人力でできることも減っていく。だから「あの人が定年になる前に」という切迫感があった。まさにDXを進めなくてはならない理由があったのだ。

心強いことに、Yさんは朝来市の担当者に対して「新しい技術を取り入れないとダメだ」と説得してくれた。

けれど、僕が朝来市の水道の担当者だったらどう感じただろうかと思う。県のそこそこ偉い人が、名前を聞いたこともないアメリカのベンチャーが開発したソフトを使えと言ってくる。抵抗を感じて当たり前だ。朝来市の人たちも最初はそうだった。それに、水道管のリスクを算出する前に、やらなくてはならないことがある。

それが、2018年の水道法一部改正によって義務化された管路台帳の整備だ。僕らは、それも請け負うことにした。台帳整備はフラクタの得意とする仕事ではない。しかし、その整備の目的は長いスパンで効率的に水道インフラを維持することなので、僕らの仕事と言えなくもない。

だが、取り組み始めると、朝来市上下水道部上下水道課の担当者もシビック・プライドの持ち主であることがわかった。自治体と仕事をしていると、地方公務員とひとくくりにされる人の中にも、様々な人がいることがわかってくる。フラクタに連絡をくれて、一緒に水道事業の行く先を考えようとしてくれるのは、みんな、ほれぼれするほど主体性を持って地元を愛する、シビック・プライドの持ち主だ。

垣間見えたシビック・プライド

シビック・プライドとは、その街で暮らすことへの誇りを示す。郷土愛に似ているが、より積極的にその街のあり方、行く先にコミットしようという気持ちを持ち合わせている。特に自治体で働く人のシビック・プライドは、自分の暮らす街だけでなく、自分が支える街にも向けられている。つまり、強くて熱い。

豊田市の職員のシビック・プライドは、世界一の企業を抱える街のプライドそのものだった。会津若松市の職員のシビック・プライドは、日本が抱える課題を率先して解決しようとする姿勢に表れていた。そして朝来市の職員のシビック・プライドはというと、〝公務員らしくなさ〟にあった。

担当者は、わからないことがあるとすぐにほかの自治体に電話をして情報を収集し、改善につなげる人だったのだ。

僕らの印象では、日本の自治体の職員は〝名もなき家事〟に追われている。炊事でも洗濯でも掃除でもない、名前の付いていない細々としたことに日々、取り組み続けなくてはならない。その手法は千差万別だ。僕らそれぞれの家庭が他の家庭の名もなき家事の実態を知る機会がないのと同じように、よその工夫を知り得ないのだ。しかも、それぞれの家族が人数も構成も違い、住んでいる部屋も収入も支出も違うのと同じように、それぞれの街が抱える事情も違う。だから、勉強会などの場で学ぶことはできても「おたくではどうしてます?」と、直接尋ねることはほとんどない。そんな当たり前を、朝来市の担当者は易々と乗り越えていた。

もちろん担当者個人の気質なのかもしれない。しかし、そこには、小さな、人材も財源も限られた自治体の生存戦略が感じられた。他者の力を借りながらでも街を守っていこういう気概が感じられた。僕らはこういった、シビック・プライドを持つ人たちに出会うたびに、彼ら彼女らを支えることで、水インフラの維持に貢献するんだと改めて誓うことになる。

朝来市では、台帳整備のために不足していた管路情報を朝来市のために開発したＡＩで補完したほか、水道管の劣化状況の分析も行った。

ここでは、三つのモデルを試算し比較をしている。まずは、古い管ほど破損しやすいとした「経年モデル」。それから、朝来市の事情は反映させず、これまでにソフトウェアが学習してきたデータに基づいた「日本汎用モデル」。そして、朝来市の漏水状況も学習させた「地域特化モデル」だ。どのモデルにも、朝来市の管路データやその置かれている環境のデータが反映されている。

すると、「経年モデル」では、管を比較的古いものと比較的新しいものに二分した場合、古い方での漏水が半数に上るという予測結果が得られた。つまり、新しい方でも漏水の半分が発生する。古さは漏水事故の多寡《たか》には関係しないということだ。

では「日本汎用モデル」ではどうかというと、漏水が起こりやすい上位10％の管で、過去の漏水事故の半分近くが発生していた。１割を交換しておけば、半分の漏水は防げたということになる。「地域特化モデル」でも「経年モデル」よりも好成績が得られた。最終報告書の提出後に発生した漏水事故を調べると、場所は、僕らのソフトウェアが危険だと指摘した地域だった。

朝来市の担当者は、分析の結果を建設課など、市役所の他部署からも簡単に参照できるようにした。情報共有の意味を知っている人ならではの、素晴らしい判断だと思う。この朝来市の取り組みは、厚生労働省のＩｏＴ（インターネット・オブ・シングス）活用推進モデル事業にも採択された。Ｙさんは、異動によって水道事業を離れたが、その情熱は同じ朝来市内はもちろん兵庫県下のほかの自治体にも波及している。

はじめにデータありき

水道事業者には、シビック・プライドを持った地方公務員が大勢いる。そうした人たちが、日本の水道インフラの維持のために必死に頑張ってくれている。このことは、日本の自治体と仕事をしたことでわかった最大の、最も嬉しい事実だった。

ほかにもわかったことはある。それは、データが共通言語たり得ることだ。これまで、埋設済みの水道管の状態は勘と経験に頼って把握されてきた。なぜなのかはわからなくても〝あの人が言うから〟漏水が起きるとすればここだ、〝前もそうだったから〟ここは気をつけた方がいいといった具合に、判断がされてきた。

そういう曖昧模糊《あいまいもこ》とした、しかしながら高度な判断を、なにごともイチとゼロの組み合わせで判断するＡＩにできるはずがない。そう思われても仕方がないと思う。けれど、ひとたびリスクや事故の傾向が数字というデータで示されると、水のプロたちは「やっぱりそうか」と納得してくれる。

ただ、これだけでは僕らの存在意義はあまりない。勘と経験が正しいなら、それに頼ればいいからだ。

しかし、「やっぱりそうか」に続いて「ということは、これはどう？」という次の疑問が必ず出てくる。その視点は、水のプロならではのものだ。

そして、プロならではの疑問は、プロならではの議論を引き起こし、長らく曖昧模糊としていた判断基準にロジックを与えることもあるし、僕たちに新しい課題をつきつけることもある。新約聖書には「はじめに言葉ありき」という言葉があるが、「はじめにデータありき」で、議論が深まっていくのだ。

次世代へのジャスト・トランジション

ここまでお読み下さった方の多くが「で、具体的な成果はどうなの」という疑問をお持ちのことだろう。僕らとしても「フラクタの技術のおかげで、これだけ漏洩が減りました」「予算がこれだけ削減できました」と言いたいところだが、その成果が出てくるのはこれからだ。我々が追いかけているのは、あくまで確率・統計的な出来事なので、実際の工事と組み合わせた際、ある程度十分な範囲でそれが実行・検証されない限りは、確からしさについて語ることはできない。したがって、一つ二つの配管セクションだけを取り上げて、フラクタは正しい、間違っているということはできないのが、悩ましいところでもある。

ここで紹介した三つの自治体では、今ようやく、現状の把握が済んだところだ。その現状を踏まえて、ＡＩが高リスクと判断した地域から水道管を更新するのか、それとも従来のやり方を踏襲するのかを、それぞれの自治体が決めることになる。

社会は今、急速に変わっている。困ったことを解決し、良いものをより良くしようとする人たちがいる。しかしそれは時として、部分最適に過ぎないことがある。たとえば、二酸化炭素排出量を削減することは良いことだ。地球上のかなりの部分を最適化しようとする動きだと思う。しかし、富める者の、力のある者の判断であまりに急速に脱炭素化が進んだら、今、炭鉱で働くことで生計を立てている人は職を奪われ、困窮《こんきゅう》してしまうだろう。

こうした副次的な影響も考慮した、次の時代への移行を「ジャスト・トランジション」と呼ぶ。ジャストとはジャスティス（正義）と同じ意味を持つ形容詞だ。

自治体の中には、技術によって水道管の更新計画が効率化されることがジャスト・トランジションに反すると考える人もいる。あまりに効率化されてしまうと、地場の水道業者が仕事を失ってしまうというのだ。それもひとつの正義なのかもしれない。それでも僕らは、これまでになかった選択肢を提示することで、無駄をなくし水のインフラを守るというトランジションを後押ししていく。

今後、フラクタのＡＩの分析に基づいて、高リスクな水道管から更新をしていく自治体は次々と出てくるだろう。その成果を、その自治体に住む人が実感するようになるには、少し時間がかかるかもしれない。もともと低いリスクの頻度がさらに下がっても、あまり実感が得られないからだ。

ただ、ある程度時間が経つと、他の自治体に比べて漏水事故が少ないとか、やはり他の自治体に比べて水道料金が上がらないとか、じわじわと、しかしはっきりとわかる形で、住んでいる自治体の水道インフラの質の高さを感じるようになるはずだ。

第5章　日本の水道事業は民営化していくのか

設備は公有、管理運営は民間

２０１９年10月１日、日本では改正水道法が施行された。

世間ではこの法律を「水道民営化法」と呼んでいる。あたかも、電電公社からＮＴＴへ（通信）、国鉄からＪＲへ（鉄道）、また郵政公社から日本郵便（ＪＰ）などへ（郵便）と続く民営化の流れが、ついに水道事業にまで及ぶかのようだ。

しかし「水道民営化法」という名称とは裏腹に、この改正法にはイギリスのケースで触れたエクイティについては記載がない。

再び詳述すると、エクイティとは、対象となる水道事業全体を、使用・収益・処分するための包括的な権利を指す。民間企業はこうした権利を株式と呼び、実際に水道事業が民営化されれば、エクイティ＝株式となる。我々が東京証券取引所を通じて、NTTやJR、またJPの株式を購入することができるのはこのためだ。

一方で水道民営化法では、水道関連の資産情報データベース、すなわち台帳管理の導入を後押しし、コンセッションを推進する内容が盛り込まれている。

最近よく聞こえてくるこの「コンセッション」とは、設備などの財産としては地方自治体＝水道局の所有とし、管理・運営については民間企業に委託する方式をいう。日本では空港や野球場などのスポーツ施設でこのような運営方式がとられていることが多い。たとえば関西国際空港は、国や自治体が株主の関西国際空港土地保有株式会社が保有するが、管理運営はオリックス株式会社やフランスの空港運営大手であるヴァンシ・エアポートが株主の関西エアポート株式会社が行っているし、プロ野球・広島東洋カープの本拠地「Mazda Zoom-Zoom スタジアム広島（正式名称・広島市民球場）」も、所有者は広島市だが、管理運営は株式会社広島東洋カープが担っている。

水道民営化法は、こうした運営方法を前提として成立したものだ。したがって、直接的に民営化を謳《うた》った法律ではない。

しかし、だからといって水道が民営化された日本について語る必要はないと決めつけるのは早計だ。

コンセッション方式への警戒感

多くの国では、公共事業を民営化する場合、まずは部分委託から始め、次に包括委託を行い、最終的にエクイティ取引を含めた永年の民営化を行うという流れがある。イギリスでの一足飛びの民営化が驚かれたのは、こうした常識を覆すものだったからだ。

日本でも、これから民営化が進むとすれば、部分委託や包括委託という段階を踏むと考えた方が良い。

ちなみに部分委託とは、上水道事業で言えば、「水道管路だけ」、もしくは「貯水池だけ」など、特定の資産のみにフォーカスしての委託行為を指す。包括委託とは文字通り、包括的にすべてを委託することで、コンセッションとはこのことだ。通常は５～20年程度の期限を設けた上で行われる。

当然のことながら委託先は国内企業に限らない。改正水道法がメディアで話題になると、日本国民の安全・安心の基盤となるべき水道事業の管理運営を外資系企業に一任する可能性について、賛成と反対が入り混じった声が上がった。

しかし、こうした議論はこれが初めてではない。

２０１７年、静岡県浜松市の下水処理場のうち、浄化センターと2カ所のポンプ場の20年間の運営権が、水処理で世界最大手のフランス企業ヴェオリア社や日本のＪＦＥエンジニアリング、オリックスなどの企業連合である浜松ウォーターシンフォニーに売却された。売却額は25億円。これは国内初の下水道のコンセッションだったこともあり、多くの議論が、感情的なものも含めて巻き起こった。浜松市は当時、20年間のコンセッションによって下水道事業費の14％にあたる87億円を削減できるとしていた。浜松ウォーターシンフォニーの２０１８年度の純利益は約１億６６２８万円、２０１９年度は約１億９７０９万円となっている。

その後、２０１９年には上水道のコンセッションについて、同市では議論を凍結している。その理由に２００７年から現職の浜松市の鈴木康友市長は、市民全体の理解が進んでいないことなどを挙げている。

他の自治体でも動きがあった。大阪市では「大阪市水道ＰＦＩ管路更新事業等」として、民間事業者に管路更新の施工計画の策定から、設計、施工、工事監理までの一連の業務を公募し、２０２０年12月には２つのグループから応募があった。しかし話し合いの結果、２グループとも辞退するに至った。採算が合わないことなどが理由とされている。

一方、２０２２年４月には、日本で初めてとなる上水道のケースを含む、上下水道と工業用水道の20年間にわたるコンセッションが宮城県でスタートした。県側は20年間で、従来の運営費の１割にあたる３３７億円を削減できるとしている。ただし、そのお金で老朽化した水道管の交換をするかどうかは、運営者次第だ。サービスより利益を優先させるなら、放置してもおかしくない。宮城県ではそうしたことが起こらないように、海外の事例も参考に、独自の監視体制を設けたという。村井嘉浩宮城県知事は、宮城県のこのケースを日本のモデルとしたいと考えているという。

水道事業を立て直す三つの方法

日本以上に多くの水道事業者が点在するアメリカ。完全に民営化した結果、再公営化を求める声も上がっているイギリス。これはどちらも日本の将来の姿とも言える。公営のまま経営の健全化を図るのか、民営化して事業体質を改善するのか、どちらを選択するかで訪れる未来は変わるのだ。

民営化をしなくても、苦しい経営状況を改善する手立てはある。

様々なところで指摘されているように、全国的に、水道事業経営は苦しい状況にある。決算を行っている1262事業者のうち、実に33%にあたる416事業者で料金回収率（＝給水に関する費用が、どれだけ給水収益で賄えているかの指標）が100%を下回っている状況だ（厚生労働省　医薬・生活衛生局　水道課『最近の水道行政の動向について』）。

つまり、33%の事業者が営業赤字なのである。

また、政令指定都市以外のほぼすべての事業者では累積欠損金が発生している状況だ。赤字はこの1年に限った話ではないのだ。極めて苦しい経営状態が見て取れる。

この場合、公営の設備集約型産業として水道事業を立て直すには、以下の三つの方法しか考えられない。

【解決策1：広域化による間接経費の削減】

この選択肢は、企業で言えばM&A（水道局の合併）を行うということだ。隣同士の水道局を一緒にしてノウハウを共有し、重複した人的業務を削減することによって、少なからぬ経費削減を期待できる。しかしながら、以下二つの選択肢と比べると経済効果は限定的である。

【解決策2：水道料金の引き上げ】

実行可能なのであれば、最も簡単な解決策だ。一方で、水道料金を2倍、3倍に引き上げようとすれば、住民の反対運動にあうこと必至だ。例えばアメリカでも財政が困窮している自治体が、この選択肢を取ることは非常に難しいという現実がある。水道料金の値上げは、水道事業者だけでは決められず、地方自治体と住民の合意を得る必要があるからだ。また、すでにアメリカでは水道料金が日本の2倍以上の都市もある。そこからさらに値上げするとなると、家庭での支出に占める水道料金の割合が高くなりすぎて、公共インフラとしての存在意義が問われることになる。

また、安易な値上げはモラルハザードを引き起こしかねない。国家財政で言えば、歳出の項目で無駄遣いが散見される現状を省みずに、増税や国債の乱発で収支の悪化をカバーしようとするようなものだからだ。自転車操業はどこかのタイミングで破綻する。

【解決策3：配管修繕・更新費用の再検討】

先に述べたように、水道事業で最もお金がかかるのは、水道管に関するコストだ。それを考えると、この水道管の布設、修繕、更新費用をどうにかするのが事業立て直しのための一番の近道となる。

日本は、これから少しずつ人口が減少していく。新しく街を作って、積極的に新規の水道管を布設するという時代は終わりを迎え、これまでの水道管の残り寿命に沿って、修繕・更新をしていくというのが水道局の仕事になっている。問題は、どのように修繕と更新をしていくかだ。

自治体が水道事業を手放すワケ

そもそも、ある自治体、ある水道局が、外部の民間事業者に水道事業の管理・運営を委託する動機はどこにあるのだろうか。

給水人口が減れば、値上げをしない限り水道料金による収入は減っていく。設備の維持管理費用は変わらないのに、だ。むしろ、維持管理にかかるコストは、経年で増えていくことが多い。となると、もともと財政が厳しい自治体が水道管や貯水池といった設備の維持管理を続けていくことは難しい。だから民間に任せよう。これが一般的な民営化の動機なのだ。営利企業である民間に任せれば、より効率的な維持・管理ノウハウなるものが導入され、今は赤字の水道事業が効率的に運営できて、黒字化もできて、結果として、財政破綻を防ぐことができるという期待もある。

しかしこれだけでは、公営で破綻するものがなぜ民営だと破綻しないのか、わかったようで、わからない。

水道事業は典型的な設備集約型の産業なので、水道局で働く職員の数は想像されるよりも遥かに少ない。

「徹底したコスト削減を」と言ったところで、ハードウェアへの新規投資でスケールメリットを得られるくらいだろう。要するに、まとめ買いすることで一つのハードウェアの単価を下げるということだが、これは微々たるものだ。水道事業でのコストの大半は、すでにある設備の維持管理、そして処分などで占められるからだ。

さらに、この設備のためのコスト、実際にはハードウェアそのものの金額は、地場の工事業者に発注される布設のための工事代金と比べれば、遥かに小さい金額だろう。

明確に公表された数字ではないが、身近な例で単純化すると、水道管路では、水道管布設に関するコストのうち、水道管そのものの費用が約1割で、残りの9割を占めるのは掘削や埋戻し、舗装等を含む土木工事の費用だ。そうなると、民間企業だからといってコストを削減できる幅は、設備に関して言えば、実は思いのほか少ないのではないか。ハードウェア面での工夫で減らせるコストは限定的と言える。

では、ソフトウェア面ではどうか。具体的には人件費についてだ。

水道局ではもともと、管理や運営に携わる人員は少ない。だから、大企業のように何百人、何千人という単位での人減らしは不可能だ。水道局単体で人減らしをしたとしても、その人員コストの削減効果も限定的だ。

ちなみに、よくある話だが、水道局の職員が地方公務員の標準給与体系に類似した雇用・給与体系であるとすると、経営効率は下がりがちだ。地方公務員の標準給与体系に類似した雇用・給与体系とはつまり、終身雇用で年功序列。大企業でも同じだが、年齢は高いが能力は低い人たちが比較的高額の給与を得るということの構造では、全体の経営効率は下がる。

それでも、たとえば広域化、すなわちいくつかの水道局を合併させながら、職員の自

図４　日本の上水道事業運営にかかる費用の内訳
（総務省発表『地方公営企業年鑑（平成29年度版）』による）

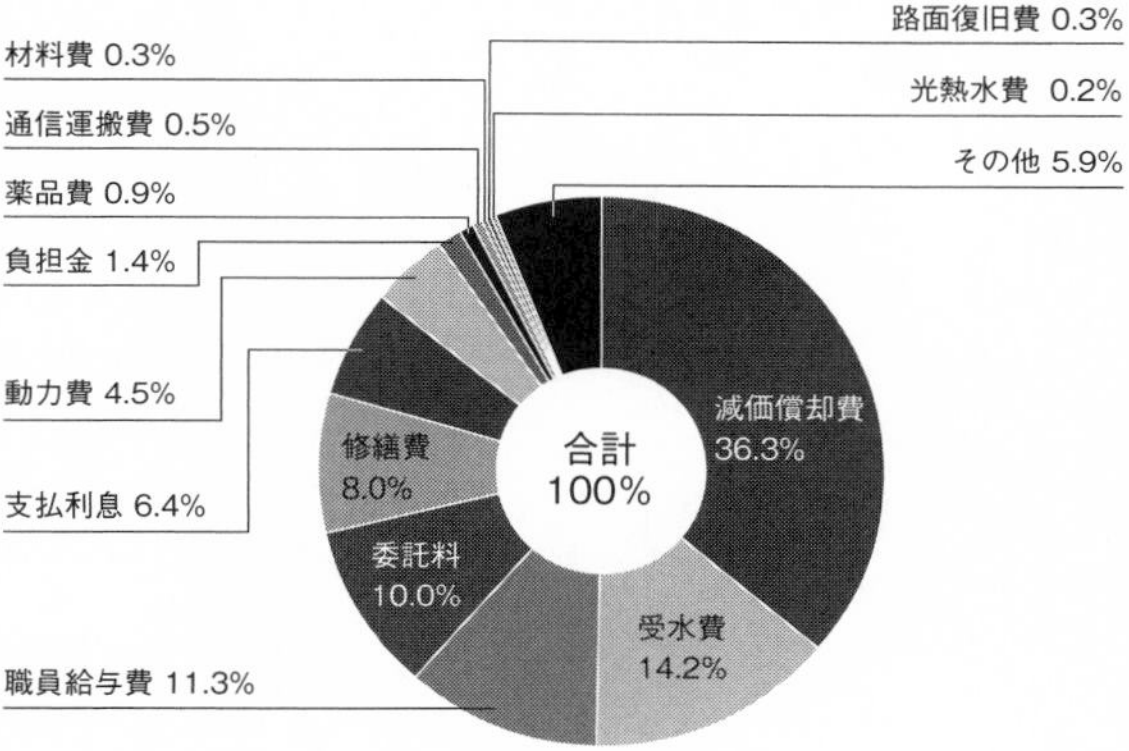

然減を受け入れ、徐々に事実上の人減らしを行うというのならば、一定程度のコスト削減効果をもたらすだろう。

しかし、その自然減には時間がかかる。職員の定年を待つ必要があるからだ。これはつまり、今の段階では、コスト削減の自由度が低いということだ。

ハードウェアでもソフトウェアでもコストの削減が期待できないとすると、あとは、無理矢理にでも収入を増やすしかない。

総務省が発表する『地方公営企業年鑑（平成29年度版）』によると、日本にある上水道事業運営にかかる費用の内訳は、ざっと上のグラフの通りだ。

水道事業民営化というマネーゲーム

水道事業は日本においても地域ごとに分割されてはいるものの、基本的には独占事業であり、他社との競争にさらされていない。細かく言えば、飲料水のペットボトル、また家庭への飲料水タンクの設置・交換事業と競合していると言えなくもない。しかし、全体使用量を考えると、水道局と直接バッティングしているプレイヤーは見当たらない。

これは、価格の決定権は市民ではなく水道事業者にあることを意味する。どれだけ値上げされ、それに反対であっても、ほかの水道局と契約できなければ、市民はその水道局から水を買い続けるしかないからだ。

以上から明らかなのは、水道民営化とは、水道料金の引き上げと、人減らしによる人件費削減、それに加えてハードウェアの購買メリットを組み合わせることを是とする選択ということだ。ほかに、事業を立て直す方法は見当たらない。

さて、ここからは僕個人の持論だ。あくまでいくつかの会社を経営してきた人間として、またアメリカ、イギリス、日本の水道事業者を観察してきた経験に基づいてそろばんをはじくと、黒字化に与えるインパクトのうちの6割は、水道料金の引き上げが与える。人減らしによる人件費削減は2割、ハードウェアの購買メリットが1割で、その他が1割というイメージだ。

料金を引き上げることが前提なのであれば、民営化しなくても水道事業は維持できるのではないか？

そう気づいた方も多いだろう。

これが、水道事業民営化のカラクリだ。公営の事業者よりも民間の方が、水道料金引き上げというプロセスに進みやすい。なぜなら、民間による経営は「効率的」に見えるからだ。お役所仕事ではなく、額に汗して頑張ってコストを削減しても追いつかないので、値上げしますと言いやすく、また、受け入れられやすい。

裏を返せば、民営化しないと水道料金は上げにくい。値上げをするにはいくつかのハードルを乗り越える必要があるからだ。

日本の水道料金は、総括原価方式という方式で、水道を配水するために必要な費用を基準に決められている。

原価とは、人件費、動力費、修繕費、受水費、減価償却費等＋支払利息＋資産維持費だ。ほとんどの水道事業では地方公共団体が水道事業を経営しているが、①水道料金は議会の議決を経て条例で定めなければならない、②独立採算制を採用しなければならない（基本的に税金が使用されていない）、③水道料金を変更した場合には、その旨を厚生労働大臣に届け出なければならない、とされている。この①が、値上げへの大きなハードルになっている。

しかし、人口減少と節水機器の普及により水の使用量が減っているので、水道事業の収入は減少している。そのため水道事業者の約半数で給水原価が供給単価を上回る状態で、赤字となっているのだ。将来の水道管路を含めた施設更新等に充当するための費用を確保できていない場合が多い。だからこのままの水道料金では水道インフラを維持できないのだ。

さて、ここでイギリスのケースを思い出してほしい。イギリスの水道事業は1989年に完全民営化され、現在では民間の18社に集約された。

結果として、イギリスで何が起こったか。

前述したように、BBCによれば、首都ロンドンでは毎年6000件もの漏水が起き、無収水率も下がらぬまま、水道料金は上がり続けた。大企業と投資ファンドによって水道会社のエクイティ（株式）は次々に転売された。転売先の大企業や投資ファンドは、まさに水道料金の引き上げを期待してそれを購入するということが起こったのだ。

こうした事態を受けて、イギリスの規制当局であるＯｆｗａｔは経営努力による漏水や無収水率の減少なき水道料金の引き上げに「待った」をかけたが、時すでに遅し。水道を使用する国民不在のマネーゲームが30年に渡って展開された結果、イギリスの水道インフラはボロボロだ。そうした現状を尻目に、これまで濡れ手で粟で利益を上げてきた大企業と投資ファンドは、株式を売却し、市場を退出するとも噂されている。

巨大投資ファンドによる買収の意図

では、国策としては民営化をしないという選択の先には、どのような未来が待っているのか。

舞台をイギリスからアメリカに移そう。

国土が広大なアメリカには、従業員が１、２名の極々小さな水道事業者を含めると、５万３０００社ほどの水道事業者がある。内訳は、公営の水道事業者が87％、民営の水道事業者が13％という割合だ（「全米水道協会」の２０１９年レポートより）。

しかし、アメリカにも民営化の波は押し寄せている。その波は、各地域で同時多発的に発生し、大きなうねりとなろうとしている。

アメリカン・ウォーター・ワークス、アクア・アメリカ、カリフォルニア・ウォーター・サービスなどのアメリカ発の上場企業、またフランスのヴェオリアやスエズをはじめとした欧州系の企業などが、資金難に陥った公営の水道事業者の買収に名乗りをあげ、傘下に複数の民営水道会社を収めているのだ。

この構造は、各種の問題を抱えている。

『ニューヨーク・タイムズ』(2016年12月24日)によれば、ニュージャージー州ベイヨン市では、地元の水道事業者がアメリカにおける巨大な投資ファンドとして有名なコールバーグ・クラビス・ロバーツ(KKR)とフランスのスエズによって買収された後、4年間で28%も水道料金が上がった。わざわざ計算するまでもないが、それまでの水道料金が年間10万円だったとしたら、12万8000円になったことになる。デフレに慣れきった日本人には驚くべき上げ幅だ。

しかも、この値上げは予告されたものではなかった。売却当初、市は住民に対して「KKRによる買収後、4年間は水道料金を上げない」と約束していたというのだ。しかし結果として口約束は破られた。買収から2年後、KKRは予期しないインフラ更新が必要だったと述べ、水道料金を引き上げたのだ。

市とKKRの契約によれば、市は40年間で約5億ドル（約544億円）の収入をKKRに約束している。しかし買収後、思うように水道使用量が伸びず、計画された収入が確保されず、それを埋め合わせるために水道料金が引き上げられた。これは、「節水すれば水道料金は下がる」という市民の期待を大きく裏切るものであった。住民の言葉を借りれば、「水道使用量を11％減らしたのに、水道料金が5％上がった」という事態に発展したのだ。

マネーゲームの舞台はここだけではない。

これまた投資ファンドとして有名な「カーライル・グループ」は、2016年、自らが保有するモンタナ州の水道会社「パーク・ウォーター」の株式を、別の私企業に約3億2700万ドル（約356億円）で売却した。この金額は、カーライル・グループがこのパーク・ウォーターを買収した金額の倍以上の価格だった。その結果、パーク・ウォーターは魅力ある優良会社に生まれ変わったと言えるのだろうか。

コストやミスは料金に付け替え

アメリカは僕が経営する会社、フラクタの主戦場だ。だから、僕自身も公営、民営問わず、様々な水道事業者の人たちと話をしてきた。こんな話も聞いたことがある。

4年ほど前、僕はアメリカにある民営水道会社の幹部と、展示会会場近くのレストランでランチテーブルを囲んでいた。フラクタからは営業部長も同席していた。要するに、食事をしながら営業をしていたのだ。うちのソフトウェアを使うと、水道管路において、長く使っていても状態が良い水道管が確認できるので更新投資の先延ばしが増え、水道会社の財務状況が良くなることを説明していた。僕たちからすれば、民間企業のほうが、こうしたソフトウェアの導入に積極的であると考えたし、何より意思決定が早いと思っていた。

そこで彼の口から出た言葉が今でも忘れられない。

「俺たち民営水道会社は、水道管の寿命を延命する必要がないんだよ」

なんだって？　僕は耳を疑った。老朽化が原因の漏水がこれだけ起きているのに、何を言っているんだ。そう訝《いぶか》る僕にお構いなしで、彼は得意げな口調で続ける。

「今の（古く、必ずしも精度が高くない）やり方で水道管の状態を評価して、それが間違っていたとしても、そのミスは水道料金に付け替えられる。つまり、俺たちには、コストを削減するというモチベーションがないんだ。俺たちのビジネスモデルは、公営の水道会社を買収して、ＰＵＣ（Public Utility Commission：公益事業委員会。州ごとに設けられた、民間水道事業者など公益事業の経営を監視する公的機関）に持ち込んで、水道料金を引き上げれば良いんだ」

飲んでいたコーヒーが冷めていくのを感じる。この先、彼が何を言うのか、僕にはこの時点で想像がついた。

「分厚い資料を作ってさ、ＰＵＣに持っていくだろ。典型が、貯水池を新設しますだの、水道管を更新しますだの、そんな話だよ。どさくさ紛れに、自分たちがこうして投資をする事業に対しては、純利益として８％を保証してもらわなきゃ困る、と書くんだ。そうするとさ、水道料金がバンッと上がって、収入が確保されて、俺たちには毎年８％の利益が何十年にも渡って転がり込むってわけだよ。俺たちは〝絶対に負けないゲーム〟を展開してるのさ」

だから、勝つために新たな投資をする必要はない。それが彼の結論だった。

すべての水道事業者が、すべての幹部がこうではないと信じたい。しかし、アメリカで最も大きい民営水道会社の一つである会社の幹部から出たこの本音こそが、水道民営化に潜む悪魔なのだ。

2022年現在、悪魔は高笑いしている。その民間水道会社は、幹部の目論見通り順調に成長中だ。株価は約1年で4割以上も上がった。とてもうまくやっている。でも僕にはそれが正解だとは思えない。

事業価値を知らない日本の自治体

水道事業を民営化しようとする国も、いったんは民営化したものを再公営化しようとする国もある。日本ではコンセッション方式での事業運営が認められていて、宮城県でもこの方式が採用された。

この二つの事実を踏まえて考えてみたい。はたして日本の水道事業は民営化していくのだろうか。

いますぐに、とはいかない。今の法令では完全なる民営化は認められていないからだ。しかし、水道法は永遠に改正されないわけではないし、事業者の経営が逼迫していることがたびたび報じられるようになれば、民営化やむなしと考える自治体も出てくるだろう。それは十分に、法改正の引き金になる。

それを、すべての住民が諸手を挙げて歓迎するとは思えない。

まず、ほとんどの住民は、民営化に関心を持たないだろう。民営化後に水道事業の質がどうなるか、料金がどうなるかについて、考えるきっかけを持っていないからだ。だから多くの人は、いつの間にか民営化された水道事業者から、いつの間にか値上げされた請求書なり領収証が届いて、何が起きていたかを知ることになる。

もちろん、一部の住民は、民営化という言葉にビジネス化、営利追求といったイメージを抱き、反対運動を繰り広げるだろう。人が生きていくのに欠かせない水で儲けようなんてとんでもないというわけだ。

また、気候変動の影響を受けた自然災害の激甚化と頻発化を目の当たりにしている住民は、これまで以上に、不測の事態が起きた場合の採算度外視での運営をインフラに対して求める。事故は出来るだけ起こして欲しくない、起きたとしたら一刻も早く復旧して欲しい、それができるのは民間企業ではなく、自治体だというわけだ。

その希望は根強いものだが、問題は、現実に起きていることが反対で、自治体の体力が失われつつあることだ。だからこそ水道事業は経済システムに取り込むべき、つまり民営化すべきだという考え方もできる。

では、民営化が正解なのかというとそうも言い切れない。

ものを売るには、売るものの適正価格を知っていなければならない。
しかし、日本の自治体は自ら運営する水道事業の価値を知らない。

第6章　水道事業の〝価値〟を正しく知っているか

20年後には水道料金が43%上昇？

水道民営化というマネーゲームがより複雑に見えているのは、公営の水道事業者の大半が資金難だからだ。買収した企業が暴利を貪ろうとしなくとも、このままいけば水道料金の引き上げが必要になる可能性が高い。だから住民は、その引き上げ額が妥当なのかそうでないのかがよくわからないのだ。

なお、現在のところ、先進国の中では日本の水道料金は安いと言える。公益財団法人水道技術研究センターがウェブサイトで公表している「世界の水道料金マップ」によると、日本の月額水道料金（10立方メートルの場合）は13ドル。これに対して、ロンドンは21ドル、フランスのリヨンも21ドルだ。アメリカでは、ニューヨークが14ドル、サンフランシスコが20ドル、シアトルが32ドルとなっている。

水道事業の実務にも精通している専門家であり、「ＥＹ新日本有限責任監査法人」でインフラストラクチャー・アドバイザリーグループ・マネージャーを務める（２０２１年3月時点）松村隆司氏によれば、２０４３年に水道料金をどれくらい引き上げなければならないか試算を行うと、人口減少や設備老朽化のコスト増などを勘案した場合、全国平均で約43%の引き上げとなるそうだ。10万円が12万８０００円になったことに驚いてはいられない。14万３０００円になるのが現実路線なのだ。この試算は3年前にもされていて、そのときは36%だった。値上げの可能性は大きくなっているのだ。

また、値上げ率の高い自治体は北海道・東北・北陸地方に多く、このうち3割の自治体は値上げ率が50%以上と見込まれる。10万円が15万円以上になるのだ。あまりにも値上がり幅が大きすぎる。ウクライナ情勢や大幅な円安の影響で、２０２２年春から夏にかけて食料品が値上がりしたことは記憶に新しいが、帝国データバンクの「『食品主要１０５社』価格改定動向調査」（２０２２年7月）によると、平均値上げ率は13%だ。50%という数字がどれだけ大きいか、おわかりいただけるはずだ。

しかし住民はこの引き上げを拒否できないだろう。なぜなら、水道を使わずには暮らせないからだ。

なお、この試算にはフラクタのソフトウェアによる改善効果は入っていない。手前味噌なのは承知しているが、言わせて欲しい。僕たちのソフトウェアを使えば、不必要な水道管更新を減らすことができ、更新投資を抑制できる。

また、管の現状を知ることの意味は、ほかにもある。取水や浄水を別として、上水道事業に限った場合、水道会社の価値とはすなわち水道関連資産の価値だ。では、水道関連資産とは具体的には何を指すかというと、その大半は水道管路だ。

つまるところ、フラットな目線で民間への部分委託や民営化を考えようとするのであれば、それ以前に、水道管路の価値をフラクタのような精緻《せいち》な状態評価ソフトウェアで評価しておかなければならない。資産の実態価値（ややテクニカルな話になるが、これは簿記上の簿価ではない）を評価しないと、公営を続けられるのか民間に任せたほうが良いのかという結論はとても出せないからだ。

今、日本で進められている水道民営化に関する議論では、実態価値の評価が抜け落ちている。いくらくらいの価値のある資産を持っているのか誰もわからないまま、買い手を探そうとしている。

巨額の設備投資、少人数による運営

上水道事業では、水道局が保有する資産の約7割は水道管路（導水施設、送水施設、配水施設）を含めた設備で、残る3割のうち、貯水池（貯水施設）と浄水場（浄水施設）が各々1割程度を占める。水道局は、こうした重たい、言い換えると、比較的高額の設備を、限られた人数の職員で維持管理してきた。

ここで、設備投資にかかるコスト（会計用語で言うところの減価償却費）は、水道局の運営にかかる人件費の3倍以上であることに注目したい。

こういった設備投資が大きい事業、および産業全体を、設備集約型産業または資本集約型産業と呼ぶ。コンピュータを動かすためのメモリやCPUを製造・販売する半導体産業なども設備集約型産業に分類される。意外に思われるかも知れないが、半導体を作って売る事業では、ほとんどの投資は半導体製造設備に回っているからだ。シリコンなどの原料コストや作業員、営業マンなどの人件費は、そうした金額に比べると微々たるものだ。

ほかにも、付属レストランでの飲食などを売りにしていない、素泊まり客を対象としたビジネスホテルも、設備集約型産業の典型と言って良い。

たとえば10階建てのビジネスホテルを建てるには、何億円、何十億円というお金がかかるが、建ててさえしまえば、さほどコストはかからない。フロントに1、2名のスタッフを配置し、あとシーツ交換などの単純作業を行う従業員複数名がいればいいからだ。彼ら彼女らには必ずしも高度な訓練は必要ないので、多額の報酬は発生しない。

ビジネスホテルの世界では、稼働率が70％を超えると経営状態が良いとされると聞く。たとえば部屋数が１００室なら、毎日70室に宿泊がありその分の宿泊費が得られればばいいのだ。

水道産業はこれによく似ている。ビジネスホテルよりは多少複雑だが、ハードウェアに巨額の設備投資を行い、それを少数のスタッフで管理運営していくという点ではうり二つだ。

アメリカで、地方にある水道事業者を訪問して驚いたことがある。

ある街では、数百キロにおよぶ水道管路を管理している。にもかかわらず、従業員は5人だけ。こぢんまりとした社屋の中、極めてのんびりした空気で、水道が止まっていないか計器を朝晩チェックしている。仕事としては、ほかにすることがないのだ。だから、日がな一日アメリカンフットボールの話をしながらコーヒーを飲んでいる。問題が発生したとしても、彼らが手を動かして工事をすることはない。現地に行って状況を確認し、地場の工事業者に電話で連絡をしておけば、あとはまたマグカップを手にアメフトについて語っていれば、水道管からの漏水だったり機材の故障によるポンプの圧力減だったりは、解決されているというわけだ。

となると、誤解を恐れずに言うならば、できあがった水道インフラの管理運営は、現場工事などに配慮できれば、そんなに難しいことではない。もしも水道インフラを一からつくろうとしたら、大変な労力と専門知識が必要になる。水道インフラを設計することは、街の一部を設計することに近いからだ。新たにつくることに比べれば、維持と管理はそれほど難しくないということだ。

人口密集度による稼働率の違い

ビジネスホテルでは、稼働率が経営状態に直結する。この稼働率は、水道事業では何に当たるのだろうか。

人間1人あたりの水道使用量は、その地域の気候や習慣、交通の便、個人のライフスタイルなどにはあまり左右されないはずだ。風呂にはおそらく一日1回入り、トイレに行く回数は一日数回といったところだろう。人は誰でも同じくらい、水を使うと考えられる。

だから、稼働率に当たるのはそのエリアに何人の人が集まっているか、つまり、その街における人口の〝密集度〟だろう。人口そのものではない。

大きさが10キロメートル四方の自治体が二つあったとしよう。それぞれに同じようにあまねく水道管を張り巡らせ、住民から水道料金を徴収するとする。

片方の街を仮にマンション市としよう。この市にはマンションが林立していて40万人が住んでいるとする。仮に全家庭が4人家族だとすると、10万戸に水道料金を課すことができる。

もう片方は戸建町だ。マンションではなく一戸建ての家屋ばかりだとすると、マンション市に比べて人口は少なくなる。10キロメートル四方に4万人しか住んでいないとするなら、やはり4人家族換算で1万戸にしか水道料金をチャージできない。

同じ面積であっても、人口が密集していれば、人口が少ない街と比べて水道料収入が10倍にもなる。もしもマンション市のマンションがすべてワンルームマンションで、40

万人が全員一人暮らしをしていたら、マンション市の水道料金収入は、戸建町の10倍では収まらなくなる。

ここで重要なのは〝同じ面積であっても〟という条件だ。

形も面積も同じなら、マンション市でも戸建町でも張り巡らされる水道管路の全長は、あまり変わらない。人口が10分の1だからといって、全長が10分の1になるわけではない。全国の自治体の実際の数字を勘案するとせいぜい半分に収まればいい方だ。たとえ人口が少なくても、住民がその町内に分散して住んでいるならば、その隅々にまで水道管を使って水を供給しなければならないからだ。

視点を変えれば、人口が同じ市が二つあっても、カバーエリアが異なるのであれば、水道局の利益は大きく異なるということだ。同じように人口10万人の市が二つあったとしても、片方の面積が50平方キロでもう片方が５００平方キロなら、水道料収入は同じだとしても、かかるコストは後者のほうがずっと多くなる。

これが、都市部とそれ以外のエリアでの水道事業運営の難しさに違いを生んでいる。

バブル崩壊と「長銀破綻」のケーススタディ

ここで、水道事業をほかの視点から見てみたい。そのためには、時計の針を30年ほど前に巻き戻す必要がある。場所は日本だ。

１９８０年代の終わり、日本は浮かれていた。１９６０年代、70年代の高度経済成長を経て、80年代には空前の資産バブルが日本中に広がっていたからだ。バブルとは、根拠なく資産の価格が上がり続けることを意味する。資産バブルの代表例には不動産バブルや株式バブルがあるが、80年代にはその両方が起こっていた。しかし、１９８９年の終わりに日経平均株価が３万８９１５円という史上最高値をつけたのを最後に株価は急落。これを機に不動産と株式のバブルは崩壊し、バブル景気に踊った多くの企業が倒産に追い込まれた。

銀行を中心とした金融機関も、破産や統合に追い込まれた。不動産を購入する個人や企業に、住宅や建物のローンという商品を通じて、多額の資金を貸し付けていたからだ。不動産価格の暴落には歯止めがかからず、個人も企業も続々と返済不能に陥り金融機関の実態的な収支は急激に悪化。この流れを受けて、１９９７年には証券会社大手の山一證券が倒産し、また１９９８年には日本長期信用銀行（以下、長銀）が破綻に追い込まれた。

ここで、これからの日本の水道産業の行方を占うかのごとき注目すべきことが起こった。

当時の大蔵省（現在の財務省）は、護送船団方式と呼ばれる産業保護政策によって、都市銀行や地方銀行、外国為替専業銀行や長銀などを、市場のリスクからある意味では過剰に守りながら育てようとしていた。

長銀はその一角を担うエリート銀行だった。優等生の破綻を目の当たりにした日本政府は、何とか破綻後の長銀の引き受け先、つまり買い手を国内の銀行のなかに見つけ出そうと、内々に、そして強硬に各社に対してM＆Aを打診したとされる（『日本経済新聞電子版』２０１８年11月９日「98年、幻の長銀救済合併　住信・高橋氏が語った舞台裏」など参照）。

ところが、打診された銀行側にそんな余裕はなかった。自身の経営基盤すら危ぶまれる状況に陥っていたため、いずれも長銀買収に大いに尻込みしていたのだ。事実、１９９８年に当時の住友信託銀行（現在の三井住友信託銀行）が経営統合に向けた協議に入ったが、結局のところ破談になった。

その結果、誰からも手が挙がらなかった。

しかし、それは当たり前のことだ。

長銀から住宅ローンを借りた個人は、その所得では返済できない状態にある。すると、長銀が保有する貸付債権（貸付に対して元利金の返済を受ける権利）にどの程度の価値があるかわからない。理屈の上では、ローンの金額が3000万円であれば、その3000万円プラス利息がその債権の価値だ。しかし、返せないのであれば話は別だ。その債権には本当に3000万円プラス利息分の価値があるのか、合理的な資産評価もできなかったのだ。

バブル崩壊前は、過去の知見を生かすことができた。経済が安定しているときは、今どの程度の所得のある人にいくら貸すと、どれくらいの期間で完済されるかだいたいわかっていたのだ。現時点での所得が少なく見えてもそれは大きな問題ではなかった。なぜならば、高度経済成長期という時代は、個人の所得は右肩上がりに上がっていくのが当たり前だったからだ。今年の所得が20年続くようでは返済できないような金額でも、右肩上がりが前提なら返せるし、だからこそ、金融機関は貸し付ける。その計算はある程度どんぶり勘定でも、問題になることはなかった。

万一、借り手の所得が増えず、増えたとしても使い込んでしまって返済ができなくなったとしても、土地などの不動産価格が上がり続けていれば、設定しておいた抵当権を行使して不動産そのものを回収し、より高値で転売すれば、貸付金の元金を回収したうえで利益まで手に入れることができた。いずれにしても、金融機関が損をすることなどほぼなかったのだ。

ところが、資産バブルが崩壊するとありえなかった事態が訪れた。どんぶり勘定はもはや通用しなくなり、金融機関は貸付債権1件ごとに細かくリスクを評価して、その時々の時価を算定していかないと、貸付債権の集合体としての金融機関の体力、価値を評価することができなくなったのだ。

修羅場を戦うハゲタカファンドのスキル

しかし、日本の金融機関にはそうしたスキルがなかった。大蔵省に大切に守られ、日本国内という限られた市場で、本質的な競争に揉まれることなく利益を得てきたからだ。経営が危うくなってからも、政府は優等生の延命のため、7兆9000億円もの公的資金を投入した。

そこで何が起こったかといえば、リップルウッド・ホールディングスという名の投資ファンドがアメリカから日本に舞い降りた。
日本の金融機関に勤めていたとしてもほとんど誰もその名を聞いたことがなかったこの投資ファンドが、長銀が保有する資産の過半を占めていた個人や企業に対する貸付債権を評価するチームを組成し、企業価値評価を行ったうえで、長銀を買収すると名乗りを上げたのだ。

このとき、長銀は一時的ながら国有化されていた。そして日本政府はリップルウッドに対して、詳細な資産査定を拒否した。その代わりに、劣化していることが買収後に発覚した貸出債権については買い戻しを請求できるとする、瑕疵《かし》担保条項と呼ばれる特殊な条項を含めた契約を締結することになった。

２０００年、リップルウッド・ホールディングスが組成した投資ファンド、ニューＬＴＣＢパートナーズは長銀を買収した。価格は10億円。８兆円近くが注ぎ込まれた企業を、たったの10億円で手に入れたのだ。その後もリップルウッドは日本の金融規制の中を上手く泳ぎながら、長銀を新生銀行と改名し、エクソンモービルやシティバンク日本法人の代表を務めた八城政基《やしろまさもと》氏をＣＥＯ（最高経営責任者）として迎え入れ、２００４年には東証一部に再上場させた。

まったくもって、見事な手腕だ。

公的資金が約7兆9000億円も投入された長銀をタダ同然の10億円で買収しただけでなく、新生銀行の株価を膨らませた同ファンドは、その4年間で実に1兆円もの利益を得たと言われている。

その金はどこへいったのか。もちろん、その投資ファンドに出資していた大企業や年金基金に還元される。しかし全額ではない。投資ファンドは成功報酬を得るからだ。一般的に、投資ファンドの取り分はキャピタルゲイン（売った株式と買った株式の価格の差。要は儲け分）の20％とされている。長銀のケースでは、たった数名の外国人ファンドマネージャーが実に合計2000億円相当のボーナスを手にすることができた計算になる。

そんなに儲かるのか（！）と思われるかもしれない。そう、本当にそんなに儲かるのだ。

しかもこの取引はすべて合法的に行われている。経済の原則に照らせば、これらファンドのことを「ハゲタカ」だの「拝金主義者」だのと批判することはできない。単純に、彼らは長銀を安く買って株式を取得し、その価格の吊り上げに成功しただけの話だ。

では、なぜ彼らはタダ同然で長銀を手に入れられたのか。それは、繰り返しになるが、日本政府が長銀の引き受け先として期待していた日本の銀行には、長銀の貸付債権を適切に評価するノウハウがなかったからだ。いくらの値をつけるのが妥当なのかわからないから、買えなかったのだ。大蔵省が日本の金融機関を守りすぎたがゆえに、こうした修羅場で戦う技術が身についていなかったためだ。

どんぶり勘定はもはや通用しない

この苦い経験を、水道事業の民営化では他山の石とすべきだ。

水道事業に限らず、公営の事業が民営化されたり、民間事業者に対して包括委託行為が行われたりする場合、取引価格の妥当性や外国資本（企業ないし投資ファンド）の参入の是非が話題になることが多い。

ビジネスホテル産業の稼働率と水道事業における人口密集度についての話を思い出してほしい。

しつこいようだが、水道事業は設備集約型産業（資本集約型産業）だ。また地中に埋設されている水道管路を含めた設備が水道事業の資産の7割を占める。この資産が今、どのくらいの価値を持つのか、言い換えると、どの程度劣化しているのかがわからなければ、水道事業の価値は判断できない。

それなのに「実際の劣化具合の把握は難しいから」とか「これまで把握を試みたことがないから」とかいった、90年代の銀行のような言い訳をしているとどうなるか。たとえば、腐食土壌に囲まれて水道管の劣化スピードが速い地域では、遅い地域と比べて3倍以上のスピードで水道管が劣化する、つまり、設備投資も3倍以上になるという事実に目を瞑《つぶ》り、「水道管の寿命は平均60年と言われる」といったようなどんぶり勘定を続けるとしよう。世界の水関連企業や投資ファンドがあっという間に日本市場に参入し、赤子の手をひねるがごとくそれらの事業を手に入れるだろう。そうなってから、ハゲタカの再来だと騒いでも遅い。水道事業も経済活動の一つだ。グローバル化の流れからは逃れられないのだ。

ではどうすれば、いや、どうしなくてはならないのか。かのリップルウッド・ホールディングスは一つひとつの貸付債権を丹念に調べ、その集合体としての企業価値を評価する手法、ノウハウをグローバルな金融市場で学び、それを長銀の買収で活かした。もしも長銀や日本政府側にもそうしたノウハウがあれば、タダ同然で買われることはなかったはずだ。

同じ轍を踏まないため、日本の水道事業者は水道管路の劣化状態を一本一本つぶさに観察し、その集合体としての水道局の価値を評価できなくてはならない。それができる事業者だけが、水道民営化という戦場でハゲタカと互角に戦うことができる。

今の日本には、長銀の破綻を記憶している人はまだまだ多い。テレビや新聞の報道を見た記憶が脳裏に刻まれていることだろう。しかし、長銀の破綻とはつまりどのようなことだったのかを正しく理解していた人は案外と少ないのではないか。今後、水道の民営化についても同じような現象が起こるかもしれない。

第7章　水道インフラを守り続けられるか

「価値判断のズレ」を避ける

かつて共同創業したヒト型ロボットベンチャー「シャフト」をシリコンバレーの巨人グーグルに売却したときにも、僕は交渉の最前線に立った。一日4時間の睡眠時間で4カ月間休みなく交渉し、最終的に望むべき成果を手にした。

M&Aのような交渉の世界では、買い手は実際の価値よりも安く買おうとし、売り手はより高く売ろうとすることが珍しくない。そんな時に交渉のプロが自らのテコとして使うのが、「情報の非対称性」だ。売り手と買い手それぞれの情報のズレが、「価値判断のズレ」につながると、取引価格が大きく揺さぶられる。この情報の非対称性を利用し、歪んだ市場でさや抜きをすることを、ファイナンスの世界では「アービトラージ（裁定取引）を取る」と呼ぶ。

売り手はできる限り、取引価格の引き下げにつながる情報を開示しない。買い手の買収監査（デューデリジェンス。投資先のリスクや価値を評価すること）に対しても時間を制限し、不利な情報が発見されぬよう、悪い意味で最善を尽くす。

たとえばある家の売買を考える。実はその家の地下には爆弾が埋まっていることを売り手は知っている。そうとわかったら買い手は処理や処理費用の負担を求めるだろう。だから、売り手は黙っている。そして売買が成立してから買い手が爆弾の存在に気づいたら、一緒に驚いてみせる。「そんなところに爆弾が埋まっていたなんて、知らなかったよ」と。気づかなかったら沈黙を続ける。そうして、買い手は、いつ吹き飛ぶかわからないというリスクを抱えた家に住み続けることになる。

爆弾を大げさだと感じるなら、屋内配管のトラブルはどうだろうか。その中古マンションは、立地も外見も管理状態も申し分なく、南向きで日当たりが良く、もちろんトイレには温水洗浄便座がついていて、リビングには床暖房まである。築40年と聞いていたが、若手建築士が関わったリフォームのおかげでずっと新しくきれいに見える。予算を少しオーバーするけれど、ここを買いたいと思わせる、一見したところ理想的な家だ。

しかし、もしもその部屋では、実は、年に何度か下水管が詰まるというトラブルが起きていて、毎晩、キッチンの換気扇から隣の部屋の調理のにおいが逆流してしまうのだとしたら。リフォームは、見えるところにしかされていない。残念ながら、買い手はそうした事実に住み始めるまで気がつかない。

一方買い手のほうは、現時点で売り手が気づいていない本質的な、ないしは長期的な価値について、無知な売り手が現時点で求める価格で早期に取引をまとめようとする。悲しいかな、それが彼らにとっての勝ち筋なのだ。

僕はビジネスマンとして、こうした悪意あるゲームが積極的に展開されるのを何度もこの目で見てきた。法律に違反していなければ、道徳的に悪意があったとしても、残念ながらどんな場合も時間を巻き戻すことは叶わなかった。

こうした現象は、騙し騙されの経済ゲームを是とすれば、また競争で範囲の拡大が見込めるとされる資本主義経済を是とすれば、消極的に看過されるべきものであるのかもしれない。

しかし、国家や地方行政の運営にそれを当てはめていいのだろうか。

住民はみな水道事業の当事者

国家や地方自治体を行政サービスの売り手、また国民・市民を行政サービスの買い手とみなすと、この両者の間には、経済ゲームで勝ちを競うライバルとは違った関係があるべきだ。なぜなら、このゲームはどちらかが勝って終わるものではないからだ。むしろ互いに協力し、バランスをとってゲーム基盤を維持することが、どちらも負けずに済む唯一の方法と言える。

けれど実際には、ここでも情報の非対称性が利用されているケースが多い。それも、売り手に一方的に有利になるように、である。

行政は地方自治法や地方公営企業法に基づいて運営されている。住民がその実情を知りたければ、これらのルールに従って手続きを進めればいいことになっている。

ところが、これだけでは、本当に必要な情報が手に入らない。

住民が、行政サービスの買い手として「知る権利」すなわち情報を監査するデューデリジェンス権を行使しようとしても、売り手が「そんな資料はない」「以前はあったけれどシュレッダーにかけて破棄してしまった」と言い張り、法の網の目をかいくぐったらどうなるか。

住民は情報を手にできず、したがって、行政サービスの価値を正確に捕捉できない。大事な資料を破棄する人は行政にはいない、と言い切れないのは残念だが、すべてシュレッダーにかけたというのは方便で、資料は存在していることもある。それでも担当者が嘘をつく理由の一つは、その嘘は住民には見破れないと知っているからだ。役所に入っていって家捜しをして「ここにあるじゃないか」と指摘する権利は住民にはないと知っているから、ある資料もないことにしてしまうのだ。

過去の政権の話題の例をあげるまでもなく、似たような疑念を感じる人は少なくないだろう。

ある資料をないと言い、住民に情報を提供しなければ、住民はその情報をもとに価値を評価できない。できないと、ある日、自分の住む町の水道事業が民間企業に売却されたとき、その価格が妥当なのか判断できない。後々、水道料金が引き上げられても、それが必要なことなのかわからない。よくわからないまま運営会社ばかりがころころと変わっていく。今のままでは、そう遠くない将来、日本でもこうした問題が同時多発的に起こるだろう。

繰り返し主張してきたように、設備集約型産業である水道事業を適切かつ効率的に運

夢のような
存在です
世界最大の
民営水道会社CEO

もしこの
ソフトウェアが
我々の望む成果を
上げられるなら

私たちが
取引のある
民間水道会社…
・・・・・
6000社に
導入したいと
思っています

営していくためには、適切な資産管理を行わなければならない。

厚生労働省は日本の水道関連資産は約40兆円と推計している。このうち、28兆円程度が水道管路を含めた設備の資産だとされている。つまり、資産の中心は、水道管の状態、とりわけ余寿命となる。

では、我が地元に限ってはどうなのか。そうした事実、情報を知るのは水道料金を支払い続ける住民の当然の権利だ。監査の結果は、国民・市民の「知る権利」の範疇《はんちゅう》に置かれるべきなのだ。国民・市民はその権利を行使しながら、水道料金がどのように使われているのかについて目を光らせなくてはならない。何しろ、2人以上の1世帯で月額平均5000円以上を支払っているのだから。

住民はみな、水道事業の当事者だ。そう自覚することが、水道事業をゆっくりとだが大きく変えていくことになる。マンガ（158頁参照。『REACH―無限の起業家―』原案加藤崇、漫画つのだふむ／髙堀健太、制作コルクスタジオ、より）やYouTubeも使ってフラクタにおける僕らの取り組みを説明し続けているのも、当たり前のように使っている水について、一人でも多くの人に関心を持ってもらいたいからだ。

行政サービスの隙に入り込む「強欲」

売り手と買い手が交換するモノやサービス。その価値の評価に何らかの歪み、隙間が生じれば、そこにはグローバル企業の「強欲」が入り込む余地が生まれる。

行政サービスには談合や癒着が入り込む隙間が生まれることは、歴史が証明している。建設業界では長い間、共存共栄のため、ゼネコン各社が交代で大規模な公共事業を落札できるように融通し合っていた。こうした〝和〟は、ゼネコンだけでは維持できない。発注する側の協力が不可欠だ。入札する側は情報提供を受け、その見返りとして天下り先を用意するなど便宜を図るという見事なエコシステムが構築されていた。これを過去の話だと片付けることはできないし、残念ながら水道業界でも実際に起きていることだ。

2014年、東京都水道局のOBが公契約関係競売入札妨害容疑で逮捕された。退職後、コンサルタント会社を経営していたOBが、在任時の力関係を利用して現役の職員から入札情報を聞き出し、それを顧客に伝え、成功報酬を得ていたからだ。

2021年には、兵庫県尼崎市の水道建設課の現役職員が収賄容疑で逮捕された。入札情報と引き替えに、市内の業者からルイ・ヴィトンの財布を受け取っていた。

これらは氷山の一角だ。ほかにも、千葉県、新潟県燕市、京都府南丹市、兵庫県丹波市などで、同様の事件が発覚している。

テクノロジーは、これまで見えなかったものをたちどころに目に見えるようにしてしまう。

そして、テクノロジーは、ものごとの透明度を上げるだけでなく、高い客観的事実をもたらす。

「不都合な真実」を暴くテクノロジー

わかりやすいのは医療だ。かつて医師は診察に当たって、患者の外見から得られる情報だけを頼りにしていた。顔はむくんでいないか、肌の色はどうか。眼球やのどをのぞき込み、熱を測り呼吸の音を聞き、そこになにかしらの病気の手がかりを探そうとしていた。

19世紀の初めにルネ・ラエンネックが聴診器を発明すると、体の中から発せられる音が聞きやすくなった。進歩は、その世紀の終わりに、ヴィルヘルム・レントゲンがX線を発見したことで成就した。その後も、超音波診断装置やCTスキャン、MRI、内視鏡など、直接は見ることのできない人間の内側を知ろうとするテクノロジーが進化し、それが正確な診断と適切な処置をもたらし、医療を進化させた。そんな言葉がなかった時代から、医療はＤＸを進めてきたのだ。

同じような変化は、今、身の回りで進行中だ。ＩｏＴの発達で、人がわざわざそこへ出向かなくても、自然災害の被害を受けている地域の現状をリアルタイムでも把握できるようになっている。雨量や風速などからの推測は、映像には勝てない。携帯電話の位置情報からは、人がどこから来てどこへ行くのか、流れが手に取るようにわかる。わかる前と後とでは、人流の制御のためにできることが違ってくる。

「睡眠時間は充分に取れている」「定期的に運動している」と自覚している人の本当の生活習慣も、スマートウォッチなどで取得したバイタルデータを参照すれば一目瞭然だ。今日はなんだかやる気が出ないなと感じていたら、実は部屋の酸素濃度が低かったことをモニターに示して教えてくれるのもテクノロジーだ。発見者の希望も込めて世界最古のものと目されていた出土品が、放射性炭素年代測定法というテクノロジーによって比較的最近のものだと判明することもあるだろう。

テクノロジーの進化は、〝都合の悪い〟真実を明るみに出してしまうこともある。

たとえば、イギリスのロンドン市街では高性能の監視カメラがいたるところに設置され、撮影された動画データが、AIを利用した顔認識ソフトウェアによって高度に解析され、犯人を特定することが可能になった。一方で、プライバシーの侵害もありうるだろう。テクノロジーの進化はやっかいな存在だ。DNA鑑定やドライブレコーダーが果たした役割も同様と言える。

とはいえ、意識的か無意識なものかは問わず、うまく使えばテクノロジーは嘘を暴くことができるのだ。

つまり、テクノロジーの発達によって情報が透明化し、可視化されることによってもたらされるのは、修辞の巧みさではなく、本質的な価値が認められる可能性が高い社会だとも言える。

新しいテクノロジーには、知る権利を行使しても決して知ることができなかった事実も明らかにする力がある。談合があったことを示す資料をシュレッダーにかけても、そのときの様子を記録した映像や音声があったら話は別だ。上水道管の価値を試算した資料が破棄されていたとしても、新しい技術を使って推計すれば、以前よりも精度の高い情報が得られる。

テクノロジーには、国家や地方自治体から、国民・市民にパワーバランスを引き戻し、国民・市民を「消極的受益者」から、「積極的評価者」にする力を持っているのだ。

AIで可視化される水道管路の資産価値

コンピュータ、とりわけAIのテクノロジーは、水道産業のみならず、これまで地味であまり工夫のしようがないと言われてきたインフラ産業に革命をもたらすだろう。同時に、これまでブラックボックスであったお金の使い方についても、可視化される時代がやってくる。いよいよ、公共事業のパンドラの箱が開くのかもしれない。

日本では経済産業省も、テクノロジーなどを使って、国民・市民が国家や地方行政を監視するための立ち位置を抜本的に変えるという概念（ガバナンス・イノベーション）の具現化を検討しているようだ。ただ、何をやりたいかを表明しても、実現のための方法論がなければ、それは絵に描いた餅で終わってしまう。

手前味噌だが、少なくとも水道行政では、フラクタの技術はその大きな方法論となるはずだ。

フラクタが開発した水道管路の状態監視ソフトウェアは、サンフランシスコ市やオークランド市のほか、アメリカの主要な都市に導入されつつある。

それらの都市にある水道公社は、土壌や天候などのデータから導かれる水道管の漏水リスクを知るソフトウェア、ひいては水道管の余寿命を推定できるソフトウェアを使って、数カ月先、また来年の水道管更新投資の計画を立てている。人間が推定するよりもコンピュータが予測する方が精度が高いため、同じ金額を使って水道管を更新したとしても、漏水が減る。

そして、翌年になり、前年に起こった漏水事故のデータをソフトウェアに組み入れることによって、さらに予測精度が上がるということはすでに経験済みだ。

現時点で、世界中の水道事業者が行っている水道管の状態監視方法と比較してもはるかに優れた精度で、地中に埋まる水道管の状態を推定できるのだ。

だから、劣化の程度を推し量った上での漏水リスクと、それ込みの水道管路の資産価値が明らかになる。

そして、土壌や天候などの環境情報をもとに、ＡＩを駆使したソフトウェアを使うことで、水道管路の資産価値に関する透明化、可視化を実現しつつある。

「思われる」曖昧さから「こちらの方が良い」言い切りへ

コンピュータの能力を使った可視化技術が水道事業に関わる産業全体に与えるインパクトは計りしれない。

たとえば、現在、布設されている水道管の主流であるダクタイル鋳鉄管、またPVC(Polyvinyl Chloride、ポリ塩化ビニルの略)と呼ばれるプラスチック管の市場では、日米問わず、熾烈なシェア争いが繰り広げられている。

そこで、僕たちのようなソフトウェア企業によってこれらの水道管の特性、ある条件下での寿命などを簡単にシミュレートできるようになると、かなり明確に「この環境ではこちらの管種のほうが性能が良い」「この環境ではこの管種のほうが長く使える」と言い切れてしまう。

すると、この情報自体が、ある製品群、果てはそれを主力商品とする企業群の存亡にも影響を与えてしまうのだ。

これまでは、精度の高いシミュレーションができなかったから、どの企業も「こちらの管種が良いと思われる」を謳い文句にセールスやロビー活動ができていた。しかし、簡単にシミュレーションができ、「思われる」部分の白黒がはっきりしてしまうと、これまでの手法は使えなくなる。

とは言え、こうした破壊的インパクトは、広く歓迎されるべきだと僕は思っている。市民が支払う水道料金がより効率的に水道の維持管理に使われることにつながるのだから。

意思決定プロセスの長さへの危惧

もう一つだけ、水道産業の構造的な問題を指摘しておきたい。これは、日本よりもアメリカにおいて顕著なのだが、水道産業には、全体的にイノベーションの取り込みスピードを遅らせるシステムが随所にある。

まず、競争入札手続きを経ないとモノやサービスの購入ができない。これは、意思決定プロセスが民間企業への製品・サービス販売と比較して極端に長いことを意味する。

さらに、「Sole Source Opinion」（競争相手が見つからないような新商品に対して、特別なラベルをつけて、競争入札を回避しながら購買に進むプロセスのこと）の利用が限定的で、しかも現場の管理者がその権限で購入を決定できる金額にも限界がある。はっきり書いてしまえば、フラクタのソフトウェアが唯一無二であっても、その導入が極めて難しいのだ。これは、設備集約型産業としての特性から、積極的により良いものを導入しようという意思が強くは働かず、コモディティ（商品）としての製品・サービスしか期待しない市場で存続してきた時期が長かったためだろう。

しかし一方で、教育面では別の仕組みができている。

実際に渡米し、アメリカ流の優れた教育の内情を僕もまざまざと見せつけられているのだが、「良い学校」と呼ばれる学校では、教員の給与水準が日本と比較して比べものにならないほど高い。なぜなら、教育というサービスの買い手である児童や生徒の親が、教師や教育の質を重視しているからだ。そして、ここで大きな投資をしても、いずれ回収できると知っているからだ。

「我が子の教育は水道とは異なる」と考える人もいるかもしれない。しかし、子供の将来も水道というインフラも、我が事のはずだ。どんな教育が我が子にふさわしいのかを考えるのと同じ熱量で、どのような水道が自分たちに必要なのか、見極めたうえで意見すべきだと思う。

水道は公共事業だから議論しない？

スマートシティについての議論が日本でも盛り上がっている。

特に人口の減少が著しい地方では、これまでのような暮らしは成り立たなくなるとされている。その課題を解決するのがスマートシティだ。消費するエネルギーは太陽光発電や風力発電などを地元で行うことでまかなう地産地消を目指し、地域内はクリーンエネルギーを使ったモビリティで移動し、物流にはドローンも活用する。そんな夢物語が、まことしやかに語られている。

しかし、残念ながらそれだけでは街はスマートにならない。これから先細りすることが間違いない水道インフラについての議論が無視されているからだ。ぴかぴかのスマートシティの設計図には〝水道は公共事業なので議論しない〟といった但し書きが添えられていることさえある。これだけ民営化が話題になっているのに、おかしな話だ。

正面から取り上げられないのには理由がある。クリーンエネルギーやドローンのような〝かっこいい〟解決策がないことだ。

再生可能エネルギーもモビリティも、新しい技術の象徴だ。これからの暮らしのために新技術を開発するという物語は多くの人から愛され、予算も付けられる。だから、参入する企業も多い。しかし、水道はそうではない。水道にとって代わる、目の覚めるような技術の登場はなかなか期待できない。つまり地味なのだ。だから関心を持たれない。

ただ、水道周りはうまみが少ないから参入しないというのなら、それはまだ水道事業をよく理解している方だ。

実際には、水道事業の存在すら気にしない人の方がずっと多い。よく、水と空気はタダと言われるが、その言葉の通り、水はいつでもどこでも手に入れられるのが当たり前で、水のインフラが危機的状況にあることを知らないのだ。知らなければ、当然、関心を持てない。

繰り返し書いているように、人口が減ればその地域の水道事業は難しくなる。このままでは、水道管は布設されているけれど、十分なメンテナンスがされなかったがために、その水道を使えなくなるという地域もそう遠くない将来、出てくるだろう。

人が住まなくなって、水道が朽ちるなら話はわかる。しかし、長年住み慣れたその土地に、水道が使えなくなるから住めなくなる現実がくるのは哀しいことだ。

住めなくなるならよそへ移ればいいというのは、強者の理屈だ。お金も体力も行動力もある人は、どこへでも移っていけばいいと思う。それこそ、新しく開発された、ぴかぴかしたスマートシティなどは新天地としてもってこいだろう。

しかし、この世に暮らしているのは強者ばかりではない。そして、そこに暮らしたい人、そこでしか暮らせない人がいる限り、インフラは誰もが使える状態になっていなくてはならない。誰に対してもフェアでなくてはならない。万一、水道インフラが維持できなくなったことを理由に、その地に住み続けたい人に立ち退いてもらう必要が出てきたとしよう。誰がその宣告をするのだろう。首長だろうか。その様子を、シビック・プライドを持つ水道局員はどんな思いで眺めるのだろう。「もっとできたことがあったのではないか」という後悔が、強く胸を締め付けるはずだ。

水道の代替案がないわけではない。タンクなどに入れて地域外から運び込むこともできるからだ。温泉から運んだお湯を使うスーパー銭湯のようなものだ。雨水を利用し、排水を再利用することで巨大な水道インフラを必要としない地域が広がっていく可能性もある。

ただ、水道を使い慣れていた人がそういったエリアに安心して住めるかどうかは別の話だ。一般的には水の消費量は安定していても、安定供給は不安だろうし、タンク詰めにして運ぶコスト、再利用のコストが水道を使うコストを下回るのかどうかさえわからない。水道管の更新の効率を上げるべきなのは、これが理由だ。

バーチャルウォーター消費量では世界一

背負い水という言葉が日本にはある。人は、その人の一生で使う水を背負って生まれてくるので、無駄遣いしなければ長生きできるし、じゃぶじゃぶ使えばその分、短命になるという意味だ。水を大切にしようという考えが反映された言葉だ。

人は水なしに生きられない。水は限られた資源である。

この二つのことから導ける結論は、人は限られた資源を分かち合わなくては生きられないということだ。

だから、水について語ることは二酸化炭素について語ることによく似ている。限られた資源や排出可能な許容量を、80億人に達しようとしている人類が、どのように分かち合っていくのか。札束にものを言わせて、富める者が水を、排出権を寡占していいのか。

資本主義的には、いいというのが答えだろう。ただ、それが人道的にも正解かというとてもそうは思えない。新型コロナウイルスのワクチンについての議論を見ていればわかる。一度の接種もできていない国があるにもかかわらず、豊かな先進国が3度目の接種をすることが許されるのかというＷＨＯの指摘は、まったくもってその通りだ。もしも途上国を顧みずに自国民だけを優先させる国があったなら、その国は国際社会から激しく非難されるだろう。

では、水についてはどうだろうか。

日本は水に恵まれた国だ。降る雨を蓄えた山から流れる水の質は、世界屈指だ。水道インフラも今のところかなり整っているほうだ。ところが、コンビニでもネットショップでも、売上げランキングにはペットボトル入りの水が必ずと言っていいほど顔を出している。水道水を飲める環境にあるのに、わざわざ携帯性や宅配といった付加価値を見出した日本人は、ここで消費しなければよそで消費できたかも知れない水を、消費しているとも言える。

このことは、日々の水の確保に困っている人たちの目に、どう映るだろうか。

バーチャルウォーターという言葉をご存じだろうか。

これは、食料を輸入して消費している国が、もしもその食料を自国で生産していたとしたら、どのくらいの水を消費していたかを示す指標だ。日本の食料自給率は、2021年度時点で38%（カロリーベース）。6割以上を海外からの輸入に頼っている。これらの輸入食料の生産に必要な水の量は年間で60兆リットルとも言われる。このバーチャルウォーターの輸入量で、日本は世界一だ。つまり、生きていく上で欠かせない、限られた資源を買い集めている国と見なされてもおかしくはない。

水に恵まれているのに、さらに強欲に水を消費している。

日本は今後、世界中からそうした視線を浴びるかもしれないのだ。だから、そうした指摘をされたときの答えも、用意しておかなくてはならない。日本は、世界が抱える水の問題について、ひとつくらいは解決方法を示す必要がある。では誰が示すのか。フラクタはそれをやるつもりでいる。

最終章　フラクタと僕はなぜ走り続けるのか

石油でもガスでもなく、水道だったワケ

日本がインバウンドに沸いていた2015年にフラクタを立ち上げた当初、僕たちは、配管の中に、センサーの付いたロボットを走らせることで、配管の状況を把握しようとしていた。管も水道管に限らず、石油のパイプラインやガス管も含めて想定していた。関係のありそうな展示会に出展し、会ってくれる人にはとにかく会って、事業の可能性を探っていたのだ。

だが、早々にして石油のパイプラインという市場からは撤退した。最も可能性が高いと踏んでいた分野だが、他の技術が急伸していることに加え、僕らが開発していたロボットにとって、配管の形状が複雑に過ぎることがわかったからだ。残りはガスと水道で、

どちらかというとガスをメインに考えた。水道は、選ばれなかった候補なのだ。

ところが、２０１６年の春頃に、アメリカのある水道公社の役員と話す機会があり、アメリカにとって水インフラこそが根深い問題であることを知った。すでに書いてきたように、アメリカでは老朽化した水道管があちこちで漏水を引き起こしていて、それが市民生活に少なくない影響を与えていると知ったのだ。驚いたことには、アメリカでは２０５０年までに１１０兆円分の水道管を交換しないと、水道インフラを保てないのだという。僕は、大きな市場である以上に、放置しておけない現状がそこにあることを実感した。

そこから調査は始まった。より一層、人に会って話をするようになり、得た情報は現地で出会って雇用していた副社長と照合してその精度を確かめる日が続いた。すると僕らのロボットでどのようなデータが取得できるかを再確認でき、そのデータをどのようにビジネスにつなげるかのプランが具体的に描けるようになってきた。

タイミング良く、ある展示会で出会ったアメリカ最大の水道業者の一つが僕らの技術に関心を持ち、契約を結べることになった。

そこで限られた資本をすべて水道ビジネスに投じることにした。２０１６年11月、アメリカでフラクタを立ち上げてから1年半後のことだった。ちょうど、113番目の元素にニホニウムという名前が付けられた頃、フラクタは大きな選択をしたことになる。

ベンチャーの身軽さを最大の武器にする

それまで数人しかいなかったフラクタは、アメリカと日本でエンジニアを募集し、資金調達も加速した。目指す方向が固まったのだから、あとはとにかく速く走るだけだ。

その年の終わり、僕は目指す方向がぶれないようにと改めてこの事業の目的を確かめた。僕はこの事業で金儲けだけをしたいのか？　ノーだ。一番したいことは、目の前にある、しかし多くの人が気づいていないその問題を、テクノロジーで解決することだ。そう再確認して、忙しかった一年を締めくくった。

2017年に入ると、フラクタはロボットだけの会社ではなくなった。センサーを付けたロボットは、管に入り込みそこから様々なデータを得てくる。しかし、それだけではやろうとしていることに届かないのだ。集めるだけ集めたデータは解析し、それを元に、管の交換という次のアクションを導く必要がある。ビッグデータも集めただけでは意味が無いと言われるが、まさにそれだ。集めたデータから何をどのように得るかが問われていると感じ始めていた。幸いにしてエンジニアは、そのためのソフトウェアを開発するスキルも持っていた。そしてその人工知能を活用したソフトウェアは、水道事業者がすでに持っているものよりも遥かに精度が高いことがわかってきた。フラクタ創業のきっかけであったロボットよりも、そのソフトウェアの方が競争力があり、何より、問題解決に寄与できそうなことは明らかだった。

ロボットもかなりの段階まで開発が進んでいた。しかし、どうしようもない現実が目の前に立ちふさがっていた。ロボットで全米の配管をチェックするのにかかる時間とコストが、膨大になることだ。確かにそうやってデータを得れば、ソフトウェアではより高い精度でシミュレーションが可能だ。とはいえ、そこに経済合理性はない。それでも、水道管の未来は、内部のデータが揃っていなくても、外部環境のデータがあれば、かなりの精度で見通せる。

僕は、フラクタの事業をソフトウェア一本に絞ることにした。

ロボットの事業部を解散させたり、エンジニアを解雇したりすることはしなかった。僕自身が飛び出したのだ。より正確に言うと、2015年に自ら立ち上げ、所属し続けた会社から、ソフトウェア事業部門を買い取ったということになる。そうしてできたのが今のフラクタだ。僕だけでなく、現地雇用の副社長も新フラクタに参画することになった。

常に自分と自分の会社の存在意義を再定義し続ける必要がある。それが、ベンチャー経営者としての僕の信条だ。また、ベンチャーは一点突破でしかその身軽さというメリットを生かし切れない。とはいえ、創業前から一緒に頑張ってきたハードウェアのエンジニアと別れる辛さは、言葉では表現しにくい。日本の技術を土台にしたロボット開発だったことから、日本のロボットをアメリカに持ち込むという目的も達成できなくなる。それでも、今現在の僕が目指しているのは、人の生活に不可欠な水というインフラを、誰にでも頼ってもらえる状態に保つことだ。そのためには、袂を分かつ選択をしなくてはいけない壁がベンチャーには、企業経営にはあるのだ。

創業以来、最初で最後の非合理的決断

大きく路線を変更し、フラクタがソフトウェアの会社として再スタートを切ったのは、2017年5月のことだ。

最初の製品はその年の7月にオンラインで利用できるようになった。このソフトウェアを使って水道管更新の優先順位を決めれば、〝2050年までに110兆円〟というコストから約40兆円を削減できると試算結果は示している。

問題は、その素晴らしいソフトウェアを、お金を払って使ってくれる水道事業者がなかなかみつからないことだった。

営業努力は重ねていた。しかし、性能が圧倒的すぎるからか「まさか」と試してももらえない。ソフトウェアのブラッシュアップに協力してくれる無償ユーザーは2社あったものの、売上げが立つかどうか、フラクタが成長していけるかどうかは不透明だった。

けれども、この不安な時期こそが、ベンチャーで働いている者にしか味わえない、至福の時でもある。僕も、IT業界の営業で百戦錬磨の経験を持つ副社長も、どこか1社が手を挙げれば、2社目はすぐに現れることを知っていた。そこから先は猛スピードで事業が進んでいくことになる。1社目の登場を待つこの時間は、今しか過ごせない貴重な時間なのだ。

案の定、その時間はわずか1カ月ほどしか続かなかった。2017年8月、アメリカ最大の水道事業者が、フラクタのソフトウェアに興味があると打診してきたのだ。

その後、やはり大手の水道事業者から話があり、フラクタのソフトウェアが小さな、しかし６０００に上る水道事業者で使われる可能性が見えてきた。６０００という数はとてつもなく大きい。それでも、アメリカには約５万３０００の水道事業者がある。まだまだ、フラクタにはやらなければならないことがある。

２０１８年はフラクタにとって拡大の年だった。提携先をさらに増やすため、インフラ業界で実績のあるスペシャリストも雇用した。

僕は彼を新しい副社長、そして全米での営業責任者に任命した。そのための雇用でもあった。創業時からその日まで、常に同じ方向を見続けてくれたそれまでの副社長には、新しい副社長の下で別の仕事を担ってもらうことになった。

創業からちょうど3年。フラクタはそうした時期を迎えていた。そのことを、前の副社長――ラースさんという――も十分に理解してくれたと思う。僕はラースさんと長い間、話し合った。こういったことを、僕はオンライン媒体に書き残してきた。

その年、フラクタはさらなる飛躍のために大型の資金調達をすることにした。そして、僕はこれまでとは異なり、その対象に日本の事業会社も含めると決意する。

僕がフラクタを経営して、最初で最後の、非合理的な決断だった。

「失われた10年」から世界の水道の救世主へ

それまで僕は、資金調達はアメリカのベンチャーキャピタルや投資銀行からするのが一番いいと考えていた。以前の経験から、ベンチャーをパートナーとして見ようとせず、上から目線で技術を値踏みするような日本の大企業、事業会社に辟易していたからだ。日本では、学歴優秀な人が大企業に行くという文化・慣習があるので、ベンチャー企業というとどうしても「大企業に行けなかった人」がやっている活動と捉えられがちだ。一方で、アメリカでは、最も優秀な人たちがベンチャー企業を創業し、次に優秀な人たちがベンチャー企業で働く。普通の人、自分で物事を構想することができない人が大企業で働く、という暗黙の了解があるように思う。こういう背景から、僕は日本の投資家、大企業に対しては、特段の注意を払っていたのだ。

しかし、フラクタのソフトウェアが持つ底知れない可能性を目の当たりにして考えが変わった。

１１０兆円のコストを40兆円も削減することができる。これは水道事業にとって大きな変革だ。コスト構造が大きく変われば、プレイヤーも大きく変わる。これまでの水メジャーがいつまでも水メジャーではいられなくなるかもしれない。そうなったとき、では、どこの企業が空いた席に座るのか。

さらに、フラクタのソフトウェアは、水業界の外にも大変革をもたらしそうだ。上下水道管のほか、ガス管、空調の配管、通信に使う光ファイバーケーブルの通った管、地下通路など、ありとあらゆるチューブの状況を把握するのにも使えるメドが立ってきた。実際に、フラクタは電気設備の保守管理の向上のために、東急電鉄と実証実験を行ったこともある。

では、どこの企業がそれを可能にする技術をそれぞれの現場に提供するのか。僕は、日本の企業であるべきだと思った。日本の企業が、世界に日本の旗を立てるべきだと。

アメリカに住んで3年が経っていた。永住権も取得した。その僕の目に映るアメリカは、時々刻々と変わっている。街を歩けば、もちろん漏水も気になるけれど、新しいビルが常に建設されている。シリコンバレーでも次々に新しいスタートアップが誕生している。ほんのわずかではあるが、アメリカにみなぎるパワーを体感してきた。リーマンショックも911もあったが、アメリカではGAFAが台頭し、プレイヤーがすっかり入れ替わったにもかかわらず、依然として世界の王者として君臨している。

一方、日本はどうか。バブル経済崩壊以降の〝失われた10年〟はいつの間にか20年に延長され、30年になろうとしている。GAFAが台頭するタイミングで、日本発のIT企業も影響力を高めることができたはずなのに、後塵を拝してきた。

では、インフラではどうなのか。日本企業、そして日本が再び輝くために、フラクタを利用してもらうこともできるのではないか。僕はそう考え、日本を訪れた。フラクタに興味を持ってくれそうな企業との資本提携を進めるためだ。

2018年3月7日からの3日間、僕は久しぶりに東京を訪れることになった。事前のやりとりで関心を持ってくれた日本企業を直接、訪問するためだ。彼らがベンチャーに向ける視線は、以前とは変わったようにも感じていた。

国内唯一の水大手、栗田工業との資本提携舞台裏

その日、成田空港に着いたばかりの僕に、一通のメールが届いた。栗田工業のKさんからだった。

Kさんと初めて出会ったのは、フラクタの創業直後だったと思う。ある企業のセミナー後の懇親会で知り合い、それ以来、展示会の情報などをたびたび知らせてくれていた。

栗田工業は、水処理装置を製造する大手メーカーだ。戦後間もない1949年に創業

し、着実に成長を遂げてきた。産業用水という分野では、世界の水メジャーと肩を並べる日本唯一の企業と言ってもいいだろう。

実は、栗田工業からは、2017年末に出資を検討したいという話をもらっていた。願ってもない話だったが、僕はそれを断っていた。

日本企業と組むなら、栗田工業がベストだとはわかっていた。しかし、そのときはまだ、日本企業から出資を受けることは考えていなかったし、栗田工業という大企業も、ほかの日本企業と同じように僕らを見下すのだろうとも思い込んでいた。

しかし、突然届いたメールには、二度目の、そして本気のオファーが短い言葉で綴られていた。日本にやってきた、その日にこんな連絡を受けるとは。運命を感じないではいられなかった。

ただ、日本への滞在期間中、Kさんを始めとした栗田工業の人たちと直接会って話をする時間はとれそうになかった。そこで、同じ空の下にいながら、僕らは電話会議の場を持った。そこで耳にしたのは、栗田工業の本気度だった。

僕は心を決めた。メールをもらったおよそ1カ月後、僕は再び、日本にやってきた。4月4日、1日だけの滞在は、栗田工業の経営陣と面会するためのものだ。

栗田工業の本社は東京都中野区にある。僕は、今回の資金調達以前から何かと相談に乗ってもらっていたGCAテクノベーション（現在のフーリハン・ローキー）の久保田朋彦さんと共に本社を訪れ、ロビーでKさんに迎えてもらい、そして、経営陣と初めて顔を合わせた。そこには取締役会長の飯岡光一さん（当時）もいた。飯岡さんの第一声は、予想もしないものだった。

「ラースさんは、元気にしていますか」

面食らった。ラースさんとは、副社長の座を降りたばかりの僕の戦友のことだ。飯岡さんが、僕がオンラインで書いていたものを読んでいたことにも驚いたが、そのラースさんの置かれた立場を慮《おもんぱか》る言葉そのものにも驚いた。

僕はその一言で、栗田工業がどんな会社なのかを理解できたような気がした。

フラクタのソフトウェアで下水道にも挑戦

対面から56日後、フラクタは栗田工業との資本提携を発表した。栗田工業は約40億円を投じてフラクタの株式の50・1％を取得するという決断を下したのだ。従ってフラクタは栗田工業の子会社になったことになる。ただし、相変わらずフラクタの経営は僕たちに任せてもらっている。

この提携は、当時8人しかおらず、資金調達に奔走していたフラクタにとって願ってもないものだった。ようやく、日本から世界に旗を立てるスタート地点に立つことができた。

すでに紹介した日本の自治体との取り組みが進められたのも、日本での経営基盤が安定したからこそだ。

さて、ラースさんは、飯岡さんが気にかけてくれたときは在籍していたが、2019年、フラクタを去った。同じ年に、ラースさんの代わりに副社長として採用した男性も去っていった。同業他社からの引き抜きの結果だった。この間には、フラクタの宝でもあるソフトウェアの開発を担ってきたエンジニアも退職した。

ここに至って、僕は改めて決意した。今この瞬間から、フラクタは水道事業に集中すべきだと。フラクタは業務を拡大し、人が増え、経営基盤が安定したことで、どこかベンチャーらしさを失っていたのかもしれないと思ったからだ。何より僕自身が、あちこちのメディアから取材を受けるなどして、僕らしさを見失っていたようにも思う。

そして、宝にもメスを入れることにした。ソフトウェアだ。改良に改良を重ね、また、水道事業者や自治体に合わせて細かくカスタマイズしてきたフラクタの宝は、パワーのあるコンピュータ環境でないと使えないようになっていた。まったくベンチャーらしくない重いソフトウェアを、フラクタは看板に掲げていたことになる。

そこで、2019年にはフラクタのそれまでのソフトウェアの最大のライバルとなるようなソフトウェアの開発に着手した。2022年時点で提供しているのは、この新しい軽くなったソフトウェアだ。

2021年10月には、日本で下水道への挑戦もスタートさせた。EY新日本有限責任監査法人、EYストラテジー・アンド・コンサルティング株式会社、フラクタ、そしてフラクタの日本法人であるフラクタ・ジャパンの4者が共同で、滋賀県大津市企業局の協力を得て、下水管の破損予測や財政効果の見える化などに取り組み始めたのだ。この事業は国土交通省の令和3年度下水道応用研究に採択されている。下水道管の劣化の特徴は水道管と違い、管の外面の腐食が主な原因ではない。水道管には、浄水された水質の水が満流の状態で水圧が負荷されて流れている。一方、合流式の下水道管には、汚水や雨水など様々な水質の水が流れている。また、管内には汚水から発生したガスが発生しており、管の内面に悪影響を与えている。水圧が負荷されている下水管は少ないため、漏水しても水道管ほど目立たず、発見するのが非常に難しい。こうした影響をどのように評価するのか、それは水道管路の分析とはまた違った難しさがあると言っていいだろう。

『マンホール聖戦 in 渋谷』と多様な協業

フラクタは会社の枠の外でも、新しいチャレンジを始めている。2020年には栗田工業と共同で、水処理におけるDXを推進する「メタ・アクアプロジェクト」を発足させた。このためにフラクタはデジタル技術を専業とする子会社「Fracta Leap（フラクタリープ）」を設立した。同社にはフラクタからも栗田工業からも様々なバックグラウンドを持つスペシャリストが集まっている。

このフラクタリープで目指すのは、水道管の劣化診断を除く、水処理の世界での新しいデジタルソリューションの構築だ。水処理設備というハードウェアの塊で消費される電力消費をAIがコントロールすることで、消費量を2～4割減らせるという試算もある。新しいテクノロジーは、古い産業で活用されてこそその真価を発揮する。ただ、そう知っているだけでは意味がない。誰かがやり始めなくては。

住民からの情報提供をもとに、低コストで高効率なインフラ管理を目指すシンガポールのWhole Earth Foundation（ＷＥＦ）とも協業を始めている。事業提携は２０２１年4月に発表済みだ。具体的には、これまでフラクタが構築してきたデータベースをライセンスすることで、ＷＥＦがビジョンに掲げるインフラの維持管理の民主化を推し進める。

このＷＥＦ、もともとのアイデアは僕が２０１７年に考案したもので、フラクタの仕事が忙しすぎて十分に事業化することができず、これを周りの友人・知人に手伝ってもらってきた歴史がある。スタンフォード大学で教鞭を取った西村由美子さん、また西村さんからご紹介を受けた中嶋謙互さんといった人たちが、ゲーミフィケーションを使った事業に進化させてくれ、今では10年来の友人、鈴木麻弓さんのリーダーシップの下で、テイクオフしようとしている。

ＷＥＦの試みは実に斬新かつ意外なものだ。すでに、僕らのパートナーでもある日本鋳鉄管と共同で『マンホール聖戦 in 渋谷』を、２０２1年8月に実施している。

これは、ＷＥＦが提供するマンホールコレクションアプリ『鉄とコンクリートの守《まも》り人』のキックオフイベントに相当する。参加者はアプリの地図で指示されるマンホールを探し、撮影して公開することでポイントを得て、そのポイント数によって勝敗が決まる。賞金が用意されたこともあってか、渋谷区内にある約1万個のマンホールはわずか3日間でコンプリートされた。

ＷＥＦの狙いは、街を歩くゲームを提供することだけにあるのではない。マンホールの映像を集めることで、その劣化状況を判断しやすくなり、効率的に交換がしやすくなる。フラクタがかつてロボットにやらせようとしていたデータの収集を、マンホール好きやゲーム好きに委ねたのがこの『マンホール聖戦 in 渋谷』だったのだ。

日本には約１４００万個もマンホールがあるとされている。あのマンホールの蓋はひとつ10万円ほどだそうだ。耐用年数は車道に設置されたもので15年、そのほかは30年だ。水道管より短いが、劣化のスピードは環境に依存することは水道管と同じだ。だからＷＥＦは写真から、どれから交換すべきかを判断できるようにしようとしているのだ。

この『マンホール聖戦 in 渋谷』では、新しい発見もあった。マンホールを管理する下水道台帳には記載されていないマンホールも複数、見つかったのだ。よりよく変えるための現状把握が、ようやく始まったことになる。『鉄とコンクリートの守り人』ではこれまでに日本中の１１９万を超えるマンホールの情報を集めることができた（22年10

月26日現在。データはホームページで更新中）。現在は『TEKKON』という名称のアプリとして生まれ変わり、対象エリアとして日本のみならず世界各国でプレイが可能になって、マンホールのほか、電柱などのインフラコレクションも可能になっている。

津々浦々の路上には、僕らも知らなかったような、地域色豊かなユニークなマンホールがたくさんあることもわかった。マンホールは、水道は、実は誰にとっても身近な存在なのだ。ただし、もちろん現状に満足はしていない。より多くの国内の情報を集める努力を続けながら、今後は対象を海外にも広げていく。

こうした取り組みがほかのインフラでも進めば、一般の人たちのインフラへの関心は高まり、必要な更新を求める声も上がってくるようになるだろう。勝手に水道管のリスクマップを公開してしまったフラクタとは違う、マイルドでソフトな巻き込み方だなと感心させられる。フラクタは今後も、ＷＥＦと共に、インフラの維持管理の民主化を進めていきたい。

ＡＩで水道管路台帳整備という挑戦

インフラ維持管理の民主化に向けた取り組みのひとつとして、２０２２年11月からは、

ＡＩ水道管路台帳整備サービス「バーチャルパイプ」の提供も開始したところだ。

環境ビッグデータとＡＩを用いた水道管路劣化診断技術を提供するフラクタならではと自負し、自治体や水道事業者向けに、災害や事業統合などで消失・欠損した管路データをＡＩによってデジタル化したり、補完したりする管路台帳整備の新サービスを開発したのだ。

日本の水道を巡る状況は厳しい。高度経済成長期に整備された水道施設の老朽化、給水人口・給水量の減少による料金収入の減少、団塊世代の退職による水道職員の大幅減少など、水道事業者は様々な課題を抱えている。これに対応し、水道の基盤強化を図るため、水道法が改正され、２０１９年10月１日に施行されたのはご存知の通りだ。

その中で、水道事業者に対し、水道施設を適切に管理するための水道施設台帳の作成や保管の必要性が明記されているのだが、自治体や水道事業者では、人的リソースが足りずに管路台帳の整備まで手が回っていないケースもある。また、災害によりデータが消失してしまったり、事業統合時にデータの欠損が生じていたり、特に小規模の自治体では台帳整備の対応が遅れ気味となっている現状がある。

細かく言えば、欠損データ周辺の既存の管路データをはじめ、弁栓類などの付帯設備の各種情報（布設年・口径など）や配水池・浄水場などの竣工年を基にＡＩが解析し、欠損部分の管路情報を予測した上で、「布設年度」「管種（材質）」「口径」といった詳細なデータを補完していく。

実際の水業事業者のデータを用いて行った検証では、全体の90％ほどについて、管路の布設年度を誤差5年前後内で推定できた。管の種類や、口径の推定についての精度も8割以上と高い正解率を出すようになってきている。まだ始めたばかりだが、注力していきたい。

「フェアではない世の中」への疑問が原点

最後に改めて、僕自身の話をしたい。

僕は姉と共に、母親に育てられた。物心ついたときには父親はいなかった。両親が離婚したためだ。母は苦労して働きながら姉と僕を育ててくれた。手に職を付けて子供を育てようと通信教育で製図を学び、それを仕事としていたこともある。しかし、その時間はさほど長くなかった。ドラフターという大きな機材を必要とするアナログな製図は、瞬く間にＣＡＤ（コンピュータを用いて設計すること、そのツール）にとって代わられたからだ。母が勤めていた会社は、その影響で経営不振に陥り、社員の給与は3割カットされ、母は会社を去ることになった。

母がもし男なら、と考えたことは一度や二度ではない。母は女であること、シングルマザーであることを理由に、よりよい条件で働く機会を得られずにいた。もしも母が女でなければ、単身で二人の子供を育てていなければ、同じ仕事をしてもっと多くの給与を得られているのではないか、こんなに苦労をすることもないのではないかと思っていた。

そんな風に考えながら、この世はフェアではないのだと僕は結論づけた。しかし、それを〝仕方ない〟とは思えなかった。フェアではない世の中のほうがおかしいのだ。

1978年生まれの僕は、クラスメートと同じような玩具を買ってもらうことはできなかった。ずっと生活に困窮していたし、我が家は教育に投資ができるような状況ではなかった。大学へ進学できたのは、姉が准看護師として働いて家にお金を入れてくれたから、そして、奨学金という制度があり、それを利用できたからだ。

大学3年生の終わりに母を亡くした。悪性黒色腫（メラノーマ）だった。わかったときには、すでに余命数カ月だった。僕は大学を休み、当然のことながら就職活動もせず、その日が来るまで母の傍にいた。近い将来、メラノーマの診断にＡＩが使えるようになるとは想像もしていなかった。

大学卒業後、僕は銀行に入った。みんなと同じタイミングでは就活ができなかった僕にチャンスを与えてくれた銀行だ。

そこで忘れられない体験をする。

事業再生という仕事と挫折感

都市銀行の法人課で、業績の悪くなった企業を担当していたのは僕の希望通りだった。頑張れば立ち直れる企業の再生はやりがいのある仕事だし、その経験は必ず自分のためにもなると思っていた。

僕の勤務先をメインバンクにしていた企業の中に、パン屋があった。社長はパン職人のご主人で、奥さんは経理などを一手に引き受けて、ご主人の仕事を支えていた。二人で起業したその会社は少しずつ取引先を増やし、人を雇用し、設備を増強し、順調に成長していった。僕の勤務先は、その成長を金銭的にサポートしていた。

しかし、成長はいつしか止まり、右肩下がりに転じた。ご夫婦が仕事の手を抜いた訳ではない。その時期は、世の中全体の消費が低迷していた時期だったのだ。パン屋から銀行への返済が滞るようになった。

そういう時期もある、今は耐えて、また頑張りましょう。

そう言えればどれだけ良かっただろうと思う。しかし、僕の勤務先は銀行であり、僕は業績の悪くなった企業の担当だ。合理的に処理しなくてはならない。ご夫婦には抵当に入っている自宅を手放してもらうことになった。仕方ないが、そうすれば銀行への返済は続けられ、パン屋の仕事も続けられる。合理的に考えた結果だった。

そこに至るまで、経理担当の奥さんとは何度も話し合いをして、納得してもらった。

ただ、それは僕の思い込みだった。

その日は雨が降っていた。銀行の窓口は15時に閉まる。思いがけない来客はその後にやってきた。パン屋の奥さんだった。

いつもなら、僕がパン屋の事務室に足を運んでいた。いつもなら、必ずアポイントメントをとってから会っていた。ふだん、奥さんはこの日のように思い詰めてはいなかった。

奥さんから聞かれた言葉もいつもと違った。奥さんはこう言ったのだ。

「返済を、もう少し待ってもらえませんか」

待てないことは奥さんもよくわかっているはずだった。自宅を売却することが唯一の解決策であることはお互いに確認をしている。だからもう待てない。それが銀行の論理だった。

僕はそのとき、そうは説明できなかった。奥さんを前に言葉を失っていたのだ。要するに銀行マン失格だ。

黙っている僕の前で、奥さんは彼女なりに考えた再建策を説明してくれる。きっとご主人とも相談した策に違いない。なんとか今から立て直すから、家を手放したくないというその気持ちはわかる。しかし、それが可能ならこちらからだってそう提案していた。できないから、こうなっているのだ。この結論は、仕方のないものなのだ。そう頭の中で繰り返していると、ふと、奥さんの目から涙がこぼれた。

僕はそれを見てしまった。

奥さんは肩を落として帰っていった。パン屋さんが自宅を手放すことになったのはそれからしばらくしてからだったと思う。銀行としては、貸し倒れすることなく、めでたしめでたし。僕は自分に課せられた仕事を全うした。

しかし、心は穏やかではなかった。正直に言えば、これ以上ないほどに揺れていた。これが、僕のしたかった仕事なのか。

パン屋さん夫婦にはまだ学生の子供がいた。子供も、住み慣れた家を追われたことになる。経済的な理由で家を出て行かなくてはならない苦しさは、僕自身、身をもって体験している。その僕が、他人を家から追い出した。

本当に仕方のないことだったのか。

問いには答えが出なかった。正確に言うと、もう出ているのに、まだそれを認めたくなかった。

僕はPowerPointを買った。プレゼン用のソフトだ。そのソフトの使い方が書かれたマニュアル本も買った。そしてPowerPointで、自分の取引先で業績の悪い会社に向けて、経営の再生計画をつくった。もう手遅れなのはわかっていても、再生計画をつくるのは銀行マンの仕事ではないと知っていても、何もせずにはいられなかった。

その後、僕は銀行を辞めた。あれは仕方なくはなかった、そもそもこの世に仕方ないことなどないのだと、自分の過ちをようやく認めることができたからだ。

世の中を少しでもフェアにするために

その後、僕は事業再生や経営を仕事にしてきた。大学の中に眠っている技術をビジネスに育て上げることにも挑戦し始めた。そうして出会ったのが、東大で人型ロボットを開発している二人の男だった。彼らに出会ったのは２０１２年。当時はまだ、今のようにロボットが企業の受付で挨拶したり、レストランで配膳したりする時代ではなかった。むしろ、２００６年にソニーがロボット事業から撤退（その後、２０１６年に再参入）した記憶が新しく、さらには２０１４年にソフトバンクがペッパーを発表する２年前だから、ロボットブームの谷間だった。その谷間で、彼らは自分たちの人生をかけて二足歩行のロボットを開発していた。

ロボットはブームではなかったけれど、彼らの技術が抜群であることは僕にもわかった。そこで、彼らとつくったのが「シャフト」という会社だ。

シャフトは日本ではなかなか資金を調達できなかった。技術を見るのではなく空気を読むタイプの投資家は、二足歩行ロボットには将来がないと考えていたのだ。

しかし、シャフトはアメリカで認められた。インターネットの基礎をつくったことでも知られる米国防総省高等研究計画局（ＤＡＲＰＡ）が研究費を出してくれることになったのだ。

条件があった。それは、ＤＡＲＰＡが主催するロボットコンテストに出場すること。もちろん、こちらとしては何の問題もない。むしろ望むところだった。

そして、シャフトはグーグルによって買収された。グーグルが、シャフトの技術を手中に収めたいと判断したのだ。シャフトはグーグルが初めて買った日本のベンチャーだ。僕らはベンチャーのひとつのゴールであるイグジット（出口戦略）を、最高の相手と共に成し遂げたことになる。その後、シャフトはＤＡＲＰＡ主催のコンテストで優勝した。正確に言うと、圧勝した。

遅ればせながら日本の投資家たちがシャフトに注目し始めたのは、ようやく、この頃になってからだった。

グーグルがシャフトを買収した時点で、僕のシャフトでの役割は終わっていた。だから僕はシャフトを辞めた。

辞めて、次に何をするかを考えているとイグジットをゴールだと思っている人たちから、立て続けに「上がったね」と言われるようになった。上がったとはつまり、双六《すごろく》の上がり、ゴールに到達したという意味だ。イグジットの果実を抱え、あとは悠々自適だとでも言いたいようだった。

けれど、僕はそうはしたくなかった。シャフトをグーグルに売ったことは確かに自信にはなった。シャフトのロボット技術が、これまでの不可能を可能にすることも出てくるだろう。

しかし、ここが僕のゴールでいいのだろうか。

おかしいはずの世の中はまだフェアになっていない。そのせいで、人知れず泣いている、僕の母のような、あのパン屋の奥さんのような人は必ずいる。

そうである以上、僕のこれまでの経験を、僕の持っている力の限りを、世の中を少しでもフェアにするために活かしたい。そう思って、もう一度勝負をすることにした。それがフラクタの原点であり、世界に事業を広げていく原動力となっているのだ。

末永さん、マイク、ナイキへ。心から感謝をこめて。

加藤　崇　早稲田大学理工学部応用物理学科卒業。東北大学特任教授（客員）。株式会社シャフトを共同創業、グーグルへ売却。2015年にフラクタをシリコンバレーで創業、CEOに就任（現会長）。

Ⓢ新潮新書

973

水道《すいどう》を救《すく》え
AIベンチャー「フラクタ」の挑戦《ちょうせん》

著　者　加藤崇《かとうたかし》

2022年11月20日　発行

発行者　佐　藤　隆　信
発行所　株式会社 新潮社
〒162-8711　東京都新宿区矢来町71番地
編集部(03)3266-5430　読者係(03)3266-5111
https://www.shinchosha.co.jp
装幀　新潮社装幀室

印刷所　株式会社光邦
製本所　加藤製本株式会社

ISBN978-4-10-610973-7　C0230